21世纪高等学校规划教材 | 电子信息

电气CAD基础教程

陈冠玲 主编

张卫刚 曹菁 副主编

U0362215

清华大学出版社

北京

内 容 简 介

本书依据有关电气文件编制的国家标准,结合 AutoCAD 软件开发技术,系统地介绍了电气工程制图的标准、规范以及计算机辅助设计实现方法。本书具有很强的针对性,把已经在实际当中广泛应用的AutoCAD 软件应用于电类专业教学,以满足电气行业对人才的需求。本书层次清晰、实例丰富,把电气技术文件国家标准与实际应用紧密结合,使学生通过本课程学习能够正确理解和贯彻电气技术文件国家标准,能够用 AutoCAD 软件进行电气 CAD 设计,能够使用 AutoCAD VBA 技术进行电气 CAD 二次开发。

本书可作为电类专业、电气技术、自动化等工科应用型本科学生的教材,也可作为工程技术人员的参考用书。

图书在版编目(CIP)数据

电气 CAD 基础教程/陈冠玲主编. —北京:清华大学出版社,2011.12(2024.9重印)

(21 世纪高等学校规划教材·电子信息)

ISBN 978-7-302-26242-8

Ⅰ. ①电… Ⅱ. ①陈… Ⅲ. ①电气设备－计算机辅助设计－AutoCAD 软件 Ⅳ. ①TM02-39

中国版本图书馆 CIP 数据核字(2011)第 137756 号

责任编辑:闫红梅 李玮琪
责任校对:时翠兰
责任印制:宋 林

出版发行:清华大学出版社
　　　网　　址:https://www.tup.com.cn, https://www.wqxuetang.com
　　　地　　址:北京清华大学学研大厦 A 座　　　　　邮　　编:100084
　　　社 总 机:010-83470000　　　　　　　　　　　邮　　购:010-62786544
　　　投稿与读者服务:010-62776969,c-service@tup.tsinghua.edu.cn
　　　质量反馈:010-62772015,zhiliang@tup.tsinghua.edu.cn
印 装 者:北京鑫海金澳胶印有限公司
经　　销:全国新华书店
开　　本:185mm×260mm　　　印　张:11　　　　　字　　数:273 千字
版　　次:2011 年 12 月第 1 版　　　　　　　　　　印　　次:2024 年 9 月第 15 次印刷
印　　数:26001~27200
定　　价:29.00 元

产品编号:041200-02

编审委员会成员

西南交通大学	冯全源	教授
	金炜东	教授
重庆工学院	余成波	教授
重庆通信学院	曾凡鑫	教授
重庆大学	曾孝平	教授
重庆邮电学院	谢显中	教授
	张德民	教授
西安电子科技大学	彭启琮	教授
	樊昌信	教授
西北工业大学	何明一	教授
集美大学	迟 岩	教授
云南大学	刘惟一	教授
东华大学	方建安	教授

出 版 说 明

　　随着我国改革开放的进一步深化,高等教育也得到了快速发展,各地高校紧密结合地方经济建设发展需要,科学运用市场调节机制,加大了使用信息科学等现代科学技术提升、改造传统学科专业的投入力度,通过教育改革合理调整和配置了教育资源,优化了传统学科专业,积极为地方经济建设输送人才,为我国经济社会的快速、健康和可持续发展以及高等教育自身的改革发展做出了巨大贡献。但是,高等教育质量还需要进一步提高以适应经济社会发展的需要,不少高校的专业设置和结构不尽合理,教师队伍整体素质亟待提高,人才培养模式、教学内容和方法需要进一步转变,学生的实践能力和创新精神亟待加强。

　　教育部一直十分重视高等教育质量工作。2007年1月,教育部下发了《关于实施高等学校本科教学质量与教学改革工程的意见》,计划实施"高等学校本科教学质量与教学改革工程"(简称"质量工程"),通过专业结构调整、课程教材建设、实践教学改革、教学团队建设等多项内容,进一步深化高等学校教学改革,提高人才培养的能力和水平,更好地满足经济社会发展对高素质人才的需要。在贯彻和落实教育部"质量工程"的过程中,各地高校发挥师资力量强、办学经验丰富、教学资源充裕等优势,对其特色专业及特色课程(群)加以规划、整理和总结,更新教学内容、改革课程体系,建设了一大批内容新、体系新、方法新、手段新的特色课程。在此基础上,经教育部相关教学指导委员会专家的指导和建议,清华大学出版社在多个领域精选各高校的特色课程,分别规划出版系列教材,以配合"质量工程"的实施,满足各高校教学质量和教学改革的需要。

　　为了深入贯彻落实教育部《关于加强高等学校本科教学工作,提高教学质量的若干意见》精神,紧密配合教育部已经启动的"高等学校教学质量与教学改革工程精品课程建设工作",在有关专家、教授的倡议和有关部门的大力支持下,我们组织并成立了"清华大学出版社教材编审委员会"(以下简称"编委会"),旨在配合教育部制定精品课程教材的出版规划,讨论并实施精品课程教材的编写与出版工作。"编委会"成员皆来自全国各类高等学校教学与科研第一线的骨干教师,其中许多教师为各校相关院、系主管教学的院长或系主任。

　　按照教育部的要求,"编委会"一致认为,精品课程的建设工作从开始就要坚持高标准、严要求,处于一个比较高的起点上。精品课程教材应该能够反映各高校教学改革与课程建设的需要,要有特色风格、有创新性(新体系、新内容、新手段、新思路,教材的内容体系有较高的科学创新、技术创新和理念创新的含量)、先进性(对原有的学科体系有实质性的改革和发展,顺应并符合21世纪教学发展的规律,代表并引领课程发展的趋势和方向)、示范性(教材所体现的课程体系具有较广泛的辐射性和示范性)和一定的前瞻性。教材由个人申报或各校推荐(通过所在高校的"编委会"成员推荐),经"编委会"认真评审,最后由清华大学出版社审定出版。

目前,针对计算机类和电子信息类相关专业成立了两个"编委会",即"清华大学出版社计算机教材编审委员会"和"清华大学出版社电子信息教材编审委员会"。推出的特色精品教材包括:

(1) 21世纪高等学校规划教材·计算机应用——高等学校各类专业,特别是非计算机专业的计算机应用类教材。

(2) 21世纪高等学校规划教材·计算机科学与技术——高等学校计算机相关专业的教材。

(3) 21世纪高等学校规划教材·电子信息——高等学校电子信息相关专业的教材。

(4) 21世纪高等学校规划教材·软件工程——高等学校软件工程相关专业的教材。

(5) 21世纪高等学校规划教材·信息管理与信息系统。

(6) 21世纪高等学校规划教材·财经管理与应用。

(7) 21世纪高等学校规划教材·电子商务。

(8) 21世纪高等学校规划教材·物联网。

清华大学出版社经过三十多年的努力,在教材尤其是计算机和电子信息类专业教材出版方面树立了权威品牌,为我国的高等教育事业做出了重要贡献。清华版教材形成了技术准确、内容严谨的独特风格,这种风格将延续并反映在特色精品教材的建设中。

清华大学出版社教材编审委员会

联系人:魏江江

E-mail:weijj@tup.tsinghua.edu.cn

前　言

　　计算机辅助设计(CAD)以其所具有的绘图效率高、速度快、精度高、易于修改、便于管理和交流的特点发展极为迅速。广为流行的软件 AutoCAD,伴随着整个 PC 基础工业的突飞猛进,正迅速而深刻地影响着人们从事设计和绘图的基本方式。

　　由于电气技术的复杂性、广泛性和特殊性,电气图也逐渐形成了一种独特的专业技术图种。电气 CAD 在我国电气工程设计领域已经占据了主导地位,电气 CAD 的影响力可以说无所不在。

　　根据应用型本科人才培养目标的要求以及电类专业的特点,教材编排以"系统化、模块化、实例化"为指导思想,在内容选择上,以"实、广、新"为原则,通过对电气技术设计国家标准和CAD 技术基本知识的有机整合,形成教材的基本框架,主要目的是使学生形成完整的电气CAD 的概念,培养学生掌握设计方法和相关的国家标准规程,提高实际设计和 CAD 操作能力。本书在编写过程中,精心组织有关内容,加强其针对性、实用性和可读性,使学生通过本课程学习能够系统地掌握电气技术文件国家标准,能够用 AutoCAD 软件进行电气 CAD 设计。

　　本书主要特点是:

　　① 注重引用图例来阐述电气图的国家标准,便于读者理解;

　　② 精心选择电气设计中的具有代表性的典型实例,采用图示方法表达操作步骤,阐述电气 CAD 的设计过程和操作技巧;

　　③ 把面向工程项目的电气 CAD 课程研究性教学策略与方法融入教材中,以强化学生对电气设计和 CAD 基础理论和基本技能的掌握;

　　④ 介绍 AutoCAD VBA 技术,阐述 AutoCAD 二次开发过程。

　　本书共 7 章,第 1～3 章为电气制图的基本规则和要求,包括电气 CAD 基础、电气图的基本表示方法和基本电气图。第 4 章介绍印刷板电气图,包括印制板零件图、印制板装配图、印制板图连接线的表示方法、印制板图元器件的表示方法等。第 5 章为 AutoCAD 基本绘图概要,提纲挈领地介绍用 AutoCAD 绘图的基本操作。第 6 章为电气 CAD 应用实践,包括概略图、电气概略图、接线图、电路图和位置图等 CAD 实现。第 7 章介绍 AutoCAD VBA 开发技术,包括开发 VBA 的一般过程、使用 VBA 制作工程样板、创建电气元件等。

　　本书第 1～4 章内容是基于电气制图国家标准而编写的,第 5～7 章内容是基于 AutoCAD 的软件来介绍。

　　本书由陈冠玲负责组织,曹菁编写第 1～3 章,张卫刚编写第 4 章、第 7 章,陈冠玲编写其余各章并统稿。翟宇佳、王亚飞和刘雁参与了 AutoCAD 图形绘制和校对工作。本书由周正新教授审阅,他提出了许多指导性意见,在此表示衷心的感谢。

　　由于编者水平和时间有限,书中难免存在不足之处,恳请有关专家、读者批评指正,以便改进。

编　者

2011 年 7 月于上海

目 录

第1章

电气CAD基础

本章以国家标准局颁布的有关标准为基础,简要介绍电气工程制图规则,主要讲述电气制图的一般规则、电气图形符号和电气技术中的文字符号和项目代号等。

1.1 电气制图的一般规则

电气图是一种特殊的专业技术图,也是工程技术界的共同语言,它必须遵守国家标准局颁布的《电气制图》(GB6988)、《电气图用图形符号》(GB4728)、《电气技术中的项目代号》(GB5094)、《电气技术中的文字符号制订通则》(GB7159)等标准的有关规定,所以电气制图人员有必要掌握这些规则或标准。由于国家标准局所颁布的标准很多,这里主要简单介绍和电气图有关的制图规则和标准。

1.1.1 图纸的幅面与分区

1. 图面构成

完整的电气图图面通常由边框线、图框线、标题栏、会签栏组成,其格式如图1.1所示。

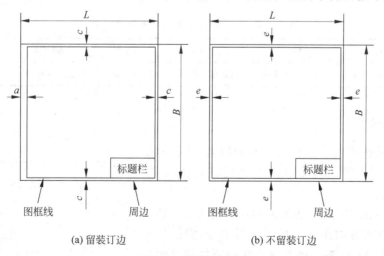

(a) 留装订边　　　　　　　　　　(b) 不留装订边

图 1.1　图面的构成

图1.1中的标题栏是用于确定图样名称、图号、制图者、审核者等信息的栏目,相当于一个设备的铭牌,其一般式样见表1.1。标题栏一般由更改区、签字区、其他区、名称及代号区

组成,也可按实际需要增加和减少。标题栏通常放在右下角位置,也可根据实际需要放在其他位置,但必须在本张图纸上。标题栏的文字方向与看图方向要一致,图样中的尺寸标注、符号及说明均应以标题栏的文字方向为准。会签栏是留给相关的水、暖、建筑、工艺等专业设计人员会审图纸时签名用的。

表 1.1　标题栏的一般格式

××电力设计院				××工程	施工图
总工程师		校核			
主任工程师		设计			
专业组长		CAD制图			
项目经理		会签			
日期	年　月　日	比例		图号	

2．幅面尺寸

由边框线所围成的图面称为图纸的幅面。幅面尺寸共分 5 类:A0～A4,其尺寸见表 1.2。装订成册时,一般 A4 幅面采用竖装,A3 幅面采用横装。

表 1.2　基本幅面尺寸及代号　　　　　　　　　　　　(单位:mm)

基本幅面代号	A0	A1	A2	A3	A4
宽×长($B×L$)	841×1198	594×841	420×594	297×420	210×497
留装订边边宽(c)	10	10	10	5	5
不留装订边边宽(e)	20	20	10	10	10
装订侧边宽(a)	25	25	25	25	25

A0～A2 号图纸一般不得加长,A3、A4 号图纸可根据需要,沿短边加长,加长幅面尺寸见表 1.3。

表 1.3　加长幅面尺寸及代号　　　　　　　　　　　　(单位:mm)

加长幅面代号	A3×3	A3×4	A4×3	A4×4	A4×5
幅面尺寸($B×L$)	420×891	420×1189	297×630	297×841	297×1051

3．图幅分区

为了确定图中内容的位置及其他用途,往往需要将一些幅面较大的内容复杂的电气图进行分区,如图 1.2 所示。

图幅分区的方法是:将图纸相互垂直的两边各自加以等分,竖边方向用大写拉丁字母编号,横边方向用阿拉伯数字编号,编号的顺序应从标题栏相对的左上角开始,分区数应为偶数;每一分区的长度一般为25～75mm。对分区中符号应以粗实线绘出,其线宽不宜小于 0.5mm。

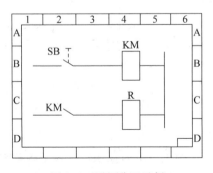

图 1.2　图幅分区示例

图幅分区后,相当于在图样上建立了一个坐标。电气图上的元件和连接线的位置可由此"坐标"而唯一地确定下来。

表示方法如下:

① 用行号(大写拉丁字母)表示;

② 用列号(阿拉伯数字)表示;

③ 用区号表示。区号为字母和数字的组合,先写字母,后写数字。这样,在说明工作元件时,可以很方便地在图中找到所指元件。

在图1.2中,将图幅分成4行(A~D)、6列(1~6),图幅内绘制的项目元件KM、SB、R的位置被唯一地确定在图上了,其位置表示方法见表1.4。

表1.4　元件位置标记示例

序号	元件名称	元件符号	标记写法		
			行号	列号	区号
1	继电器线圈	KM	B	4	B4
2	继电器触点	KM	C	2	C2
3	开关(按钮)	SB	B	2	B2
4	电阻器	R	C	4	C4

有些情况下,还可注明图号、张次,也可引用项目代号,例如:在图号为3128的第18张图A5区内,标记为"图3128/18/A5";在=S1系统第35张图上的D3区内,标记为"=S1/35/D3"。

1.1.2　图线、字体及其他

1. 图线

(1) 图线形式

根据电气图的需要,一般只使用表1.5中的4种图线:实线、虚线、点划线、双点划线。若在特殊领域使用其他形式图线时,按惯例必须在有关图上用注释加以说明。

表1.5　电气图用图线的形式和应用范围

序号	图线名称	图线形式	代号	图线宽度/mm	应用范围
1	实线	———	A	$b=0.5\sim2$	基本线、简图主要内容用线、可见轮廓线、可见导线
2	虚线	- - - - -	F	约$b/3$	辅助线、屏蔽线、机械连接线、不可见轮廓线、不可见导线、计划扩展用线
3	点划线	— · — · —	G	约$b/3$	分界线、结构围框线、功能围框线、分组围框线
4	双点划线	— ·· — ·· —	K	约$b/3$	辅助围框线

(2) 图线的宽度

在图纸或其他相当媒体上的任何正式文件的图线宽度不应小于0.18mm,线宽应从下列范围选取:0.18、0.25、0.35、0.5、0.7、1.0、1.4、2.0(单位为mm)。图线如果采用两种或两种以上宽度,粗线对细线宽度之比应不小于2:1,或者说,任何两种宽度的比例至少为2:1。

（3）图线间距

平行图线的边缘间距应至少为两条图线中较粗一条图线宽的两倍。当两条平行图线宽度相等时，其中心间距应至少为每条图线宽度的 3 倍。最小不少于 0.7mm。

对简图中的平行连接线，其中心间距至少为字体的高度。

2. 字体和字体取向

图中的文字，如汉字、字母和数字，是电气图的重要部分，是读图的重要内容。按 GB4457.3—1984《机械制图的文件》规定，图中书写的汉字、字母、数字的字体号数分为 20、14、10、7、5、3.5、2.5 七种，汉字可采用长仿宋体；字母和数字可用直体、斜体；字体号数即字体的宽度（单位为 mm）约等于字体高度的 2/3，而数字和字母的笔划宽度约为字体高度的 1/10。因汉字笔划较多，所以不宜用 2.5 号字。国家标准推荐的电气图中字体的最小高度如表 1.6 所示。

表 1.6　电气图中字体的最小高度　　　　　　　　　　　　（单位：mm）

基本图纸幅面代号	A0	A1	A2	A3	A4
字体最小高度	5	3.5	2.5	2.5	2.5

3. 箭头和指引线

电气图中有两种形式的箭头。

（1）开口箭头

开口箭头主要用于电气能量、电气信号的传递方向（能量流、信息流流向），见图 1.3(a)。

（2）实心箭头

实心箭头主要表示力、运动或可变性方向，见图 1.3(b)。

图 1.3(c)为箭头应用实例。其中，电流 I 方向用开口箭头，可变电容的可变性限定符号用实心箭头，电压 U 指示方向用实心箭头。

(a) 开口箭头　　　　　　(b) 实心箭头　　　　　　(c) 应用示例

图 1.3　电气图中的箭头

指引线用于指示注释的对象，它应为细实线，并在其末端加如下标记。

① 若指向轮廓线内，用一黑点表示，见图 1.4(a)。

② 若指在轮廓线上，用一实心箭头表示，见图 1.4(b)。

③ 若指在电气连接线上，用一短线表示，见图 1.4(c)。

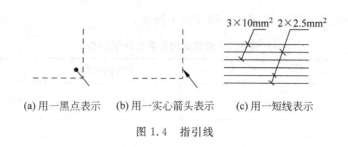

(a)用一黑点表示　(b)用一实心箭头表示　(c)用一短线表示

图1.4　指引线

4. 围框

当需要在图上显示出图的一部分所表示的是功能单元、结构单元、项目组(电器组、继电器装置)时,可以用点划线围框表示。围框应有规则的形状,并且围框线不应与任何元件符号相交,必要时,为了图面清楚,也可以采用不规则的围框形状。

如图1.5所示,围框内有两个继电器KM1、KM2,每个继电器分别有三对触点,用一个围框表示这两个继电器的作用关系会更加清楚,且具有互锁和自锁功能。

如果在表示一个单元的围框内的图上包含有不属于此单元的元件符号,则这些符号应表示在第二个套装的围框中,这个围框必须用双点划线绘制并加代号或注解。

如图1.6所示,−A单元内包含有熔断器FU、按钮SB、接触器KM和功能单元−B等,它们在一个框内。而−B单元在功能上与−A单元有关,但不装在−A单元内,所以用双点划线围起来,并且加了注释,表明B单元在图1.6(a)中给出详细资料,这里将其内部连接线省略。

如果要表示出该单元不可少的端子板的符号,应把符号放在框里边。

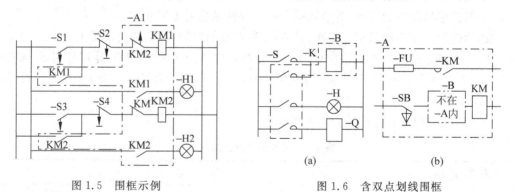

图1.5　围框示例　　　　　　　　　图1.6　含双点划线围框

连接器符号的位置应表示出一对连接器的哪一部分属于该单元。围框内所示作为一个单元整体部分的连接器或端子板符号可以省略。

5. 比例

图上所画图形符号的大小与物体实际大小的比值,称为比例。大部分的电气线路图都是不按比例绘制的,但位置平面图等一般按比例绘制或部分按比例绘制,这样,在平面图上测出两点距离就可按比例值计算出两者间的距离(如线长度、设备间距等),对于导线的放线、设备机座、控制设备等安装都有利。

电气图采用的比例一般为:1∶10,1∶20,1∶50,1∶100,1∶200,1∶500。

技术制图中推荐采用的比例规定如表 1.7 所示。

表 1.7　技术制图推荐的比例种类

类　　别	推荐的比例		
放大的比例	50：1	20：1	10：1
	5：1	2：1	10：1
原尺寸	1：1	1：1	1：1
缩小比例	1：2	1：5	1：10
	1：20	1：50	1：100
	1：200	1：500	1：1000
	1：2000	1：5000	1：10000

说明：推荐的比例范围可以在两个方向加以扩展，但所需比例应是推荐比例的 10 的整数倍；由于功能原因不能采用推荐比例的特殊情况下，可选用中间比例。

6. 尺寸标准

电气图上标注的尺寸数据是有关电气工程施工和构件加工的重要依据。

尺寸由尺寸线、尺寸界线、尺寸起止点（实心箭头和 45°斜短划线）、尺寸数字四个要素组成。

尺寸标注的基本规则包括如下 5 个方面。

① 物件的真实大小应以图样上的尺寸数字为依据，与图形大小及绘图的准确度无关。

② 图样中的尺寸数字，如没有明确说明，一律以 mm 为单位。

③ 图样中所标注的尺寸，为该图样所示机件的最后完工尺寸。

④ 物件的尺寸一般只标注一次，并应标注在反映该结构最清晰的图形上。

⑤ 一些特定尺寸必须标注符号，如：直径符号用 Φ、半径符号用 R、球符号用 S、球直径符号用 $S\Phi$、球半径符号用 SR、厚度符号用 δ 等表示；参考尺寸用（ ）表示；正方形符号用"囗"表示；等等。

尺寸线终点和起点标记如表 1.8 所示。

表 1.8　尺寸线终点和起点表示

表 示 方 法	要　　求
用箭头表示终点	用短线在 15°和 90°之间以方便的角度画成的箭头。箭头可以是开口的、封闭涂黑的。在一张图上只能采用一种形式的箭头。但是，在空间太小或不宜画箭头的地方，可用斜画线或圆点代替
用斜画线表示终点	用短线倾斜 45°角画的斜画线
用空心圆表示起点	用一个直径为 3mm 的小空心圆作起点标记

尺寸表示的基本规则包括如下4个方面。

① 大写字母的高度被作为尺寸表示的基础。

② 字母写法的标准高度 h 的范围为：2.5、3.5、5.0、7.0、10.0、14.0、20.0(单位为mm)。

③ h 和 c(h 为大写字母和数字的高度，c 为没有头和尾的小写字母的高度)应不小于2.5mm。

④ 标注字母可向右倾斜15°，也可竖直(垂直)。

7．注释和详图

（1）注释

用图形符号表达不清楚或某些含义不便用图形符号表达时，可在图上加注释。注释可采用两种方式：一是直接放在所要说明的对象附近；二是在所要说明的对象附近加标记，而将注释放在图中其他位置或另一页。当图中出现多个注释时，应把这些注释按编号顺序放在图纸边框附近。如果是多张图纸，一般性注释放在第一张图上，其他注释则应放在与其内容相关的图上，注释方法采用文字、图形、表格等形式，其目的就是把对象表达清楚。

（2）详图

详图实质上是用图形来注释，这相当于机械制图的剖面图，就是把电气装置中某些零部件和连接点等结构、做法及安装工艺要求放大并详细表示出来。详图位置可放在要详细表示对象的图上，也可放在另一张图上，但必须要用一标志将它们联系起来。标注在总图上的标志称为详图索引标志，标注在详图位置上的标志称为详图标志。

1.1.3 简图布局方法

简图绘制应布局合理、图面清晰、排列均匀、便于理解。

1．图线的布局

电气图的图线一般用于表示导线、信号通路、连接线等，要求用直线，即横平竖直，尽可能减少交叉和弯折，图线的布局方法通常有以下3种。

（1）水平布局

水平布局是将元件和设备按行布置，使其连接线处于水平布置，如图1.7所示。水平布置是电气图中图线的主要布置形式。

（2）垂直布局

垂直布局是将元件和设备按列排列，使其连接线处于垂直布置，如图1.8所示。

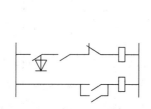

图1.7 图线水平布置

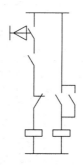

图1.8 图线垂直布置

（3）交叉布局

有时为了能把相应的元件连接成对称的布局,可采用交叉线的方式布置,如图1.9所示。

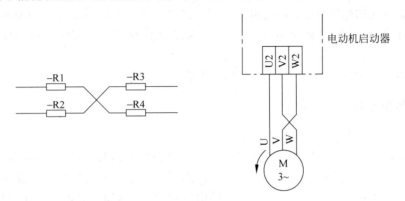

图1.9　图线交叉布置

2. 元件的布局

元件在电气简图中的布局有功能布局法和位置布局法两种。

（1）功能布局法

功能布局法是指元件或其部分在图上的布置使它们所表示的功能关系易于理解的布局方法。图1.10就是功能布局法的示例。

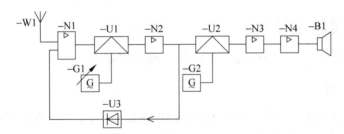

图1.10　无线电接收机的概略图示例(功能布局法示例)

（2）位置布局法

位置布局法是指元件在图上的位置反映其实际相对位置的布局方法。图1.11就是位置布局法的示例。

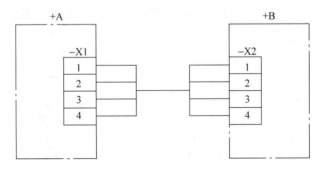

图1.11　位置布局法示例

1.2 电气图形符号

图形符号为一般用于图样或其他文件以表示一个设备或概念的图形、标记或字符。电气图形符号一般包括电气图用图形符号、设备用图形符号、标志用图形符号、标注用图形符号等。

1.2.1 电气图用图形符号

1. 图形符号的构成

电气图用图形符号通常由一般符号、符号要素、限定符号、框形符号和组合符号等组成。

① 一般符号：是用以表示一类产品和此类产品特征的一种通常很简单的符号。

② 符号要素：是一种具有确定意义的简单图形，不能单独使用。符号要素必须同其他图形组合后才能构成一个设备或概念的完整符号。例如，构成电子管的几个符号要素为阳极、灯丝（阴极）、栅极、管壳等。符号要素组合使用时，可以同符号所表示的设备的实际结构不一致。符号要素以不同的形式组合，可构成多种不同形式的图形符号，如图 1.12 所示。

(a)符号要素   (b)二极管   (c)三极管

图 1.12 符号要素及组合示例

③ 限定符号：是用以提供附加信息的一种加在其他符号上的符号，称为限定符号。通常它不能单独使用。有时一般符号也可用作限定符号，如电容器的一般符号加到扬声器符号上即构成电容式扬声器符号。

④ 框形符号：是用以表示元件、设备等的组合及其功能的一种简单图形符号。既不给出元件、设备的细节，也不考虑所有连接。通常使用在单线表示法中，也可用在示出全部输入和输出接线的图中，如图 1.13 所示。

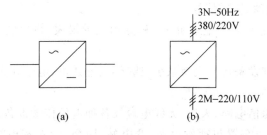

(a)   (b)

图 1.13 框形符号及应用示例

⑤ 组合符号：是指通过以上已规定的符号进行适当组合所派生出来的，表示某些特定装置或概念的符号。图1.14为过电压继电器组合符号组成的示例。

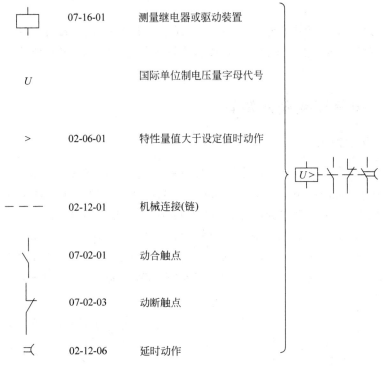

	07-16-01	测量继电器或驱动装置
U		国际单位制电压量字母代号
>	02-06-01	特性量值大于设定值时动作
– – –	02-12-01	机械连接(链)
	07-02-01	动合触点
	07-02-03	动断触点
	02-12-06	延时动作

图1.14   过电压继电器组合符号组成的示例

2. 图形符号的分类

电气图用图形符号种类很多，按GB4728将其分为以下11类。

① 导线和连接器件包括各种导线、接线端子、端子和导线的连接、连接器件、电缆附件等。

② 无源元件包括电阻器、电容器、电感器、铁氧体磁心、磁存储器矩阵、压电晶体、驻极体、延迟线等。

③ 半导体管和电子管包括二极管、三极管、晶闸管、电子管、辐射探测器等。

④ 电能的发生和转换包括绕组、发电机、电动机、变压器、变流器等。

⑤ 开关、控制和保护装置包括触点(触头)、开关、开关装置、控制装置、电动机启动器、继电器、熔断器、保护间隙、避雷器等。

⑥ 测量仪表、灯和信号器件包括指示、积算和记录仪表、热电偶、遥测装置、电钟、传感器、灯、喇叭和电铃等。

⑦ 电信交换和外围设备包括交换系统、选择器、电话机、电报和数据处理设备、传真机、换能器、记录和播放器等。

⑧ 电信传输包括通信电路、天线、无线电台及各种电信传输设备。

⑨ 电力、照明和电信布置包括发电站、变电站、网络、音响和电视的电缆配电系统、开关、插座引出线、电灯引出线、安装符号等。适用于电力、照明和电信系统和平面图。

⑩ 二进制逻辑单元包括组合和时序单元,运算器单元,延时单元,双稳、单稳和非稳单元,位移寄存器,计数器和存储器等。

⑪ 模拟单元包括函数器、坐标转换器、电子开关等。

此外还有一些其他符号,如机械控制、操作件和操作方法、非电量控制、接地、接机壳和等电位、理想电路元件(电流源、电压源、回转器)、电路故障、绝缘击穿等。

3. 图形符号的使用规则

电气制图在选用图形符号时,应遵守以下使用规则。

(1) 符号的选择

在 GB4728 新版中,有些元件和设备有不同形式的图形符号,选择时最好采用"推荐形式"或"简化形式"图形符号,84 版称为"优选形"。在满足需要的前提下,尽量采用最简单的形式。对于电路图,必须使用完整形式的图形符号来详细表示。如变压器的所有部分,即绕组、端子及其代号均应表示清楚。在同一张电气图样中只能选用一种图形形式,图形符号的大小和线条的粗细应基本一致。

(2) 符号的大小

在绝大多数情况下,符号的含义由其形式决定,而符号大小和图线的宽度一般不影响符号的含义。

有时在某些特殊情况下,允许采用不同大小的符号,例如:为了强调某些方面;为了便于补充信息;为了增加输入或输出线数量或为了把符号作为限定符号来使用等。但改变彼此有关的符号尺寸时,符号间及符号本身的比例应保持不变。

图形符号的大小和方位可根据图面布置确定,但不应改变其含义,而且符号中的文字和指示方向应符合读图要求。采用计算机辅助绘图时,应按特定的模数 $M=2.5\text{mm}$ 的网格设计,这可使符号的构成和尺寸一目了然,方便人们正确掌握符号各部分的比例。

(3) 符号的取向

符号方位不是强制的。在不改变符号含义的前提下,符号可根据图面布置的需要旋转或成镜像放置,但文字和指示方向不得倒置。

(4) 符号的组合

如果想要的符号在 GB/T4728 中找不到,可按 GB/T4728 中的原则,从标准符号中组合出一个符号。如果需要的符号未被标准化,则所用的符号必须在图上或文件的注释中加以说明。

(5) 符号的端子

图形符号中一般没有端子符号。如果端子符号是符号的一部分,则端子符号必须画出。

(6) 符号的引出线

图形符号一般都画有引出线。在不改变其符号含义的原则下,引线可取不同的方向。在某些情况下,引线符号的位置不加限制。当引线符号的位置影响符号的含义时,必须按规定绘制。

导线符号可以用不同宽度的线条表示,以突出或区分某些电路、连接线等。

(7) 其他说明

图形符号均是按无电压、无外力作用的正常状态表示的。图形符号中的文字符号、物理量符号应视为图形符号的组成部分。当这些符号不能满足时,可再按有关标准加以充实。

电气图中若未采用规定的图形符号,必须加以说明。

4．常用图形符号举例

常用电气图用图形符号见表1.9。

表 1.9　常用电气简图用图形符号

序号	图 形 符 号	说　　　明	备　　　注
1		直流电 电压可标注在符号右边,系统类型可标注在左边 如:2/M ══ 220/110V	
2	~	交流电 频率或频率范围可标注在符号的右边,系统类型应标注在符号的左边 如:3/N ∿ 400/230V50Hz	
3	≈	交直流	
4	+	正极性	
5	−	负极性	
6	 →	运动、方向或力	
7	 ⇀	能量、信号传输方向	
8	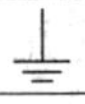 ⏚	接地符号	
9	⏚	接机壳	
10	 ▽	等电位	
11	 ⚡	故障	
12		导线的连接	
13		导线跨越而不连接	
14	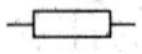 ▭	电阻器的一般符号	
15		电容器的一般符号	
16	 ∩∩∩	电感器、线圈、绕组、扼流圈	
17	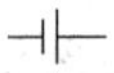 ⊣⊢	原电池或蓄电池	
18		动合(常开)触点	
19		动断(常闭)触点	

续表

序号	图形符号	说　　明	备　　注
20	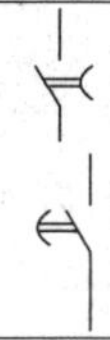	延时闭合的动合(常开)触点	带时限的继电器和接触器触点
21		延时断开的动合(常开)触点	
22		延时闭合的动断(常闭)触点	
23		延时断开的动断(常闭)触点	
24	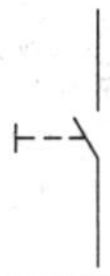	手动开关的一般符号	
25	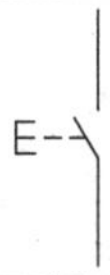 E-\	按钮开关	
26		位置开关,动合触点 限制开关,动合触点	开关和转换开关触点
27		位置开关,动断触点 限制开关,动断触点	
28		多极开关的一般符号,单线表示	
29	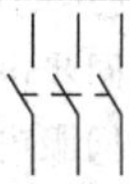	多极开关的一般符号,多线表示	
30		隔离开关的动合(常开)触点	
31		负荷开关的动合(常开)触点	
32		断路器(自动开关)的动合(常开)触点	

序号	图形符号	说　　明	备　　注
33		接触器动合(常开)触点	接触器、启动器、动力控制器的触点
34		接触器动断(常闭)触点	
35	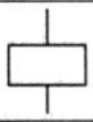	一般符号	继电器、接触器等的线圈
36	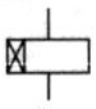	缓吸线圈	带时限的电磁继电器线圈
37	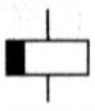	缓放线圈	
38		热继电器的驱动器件	热继电器
39		热继电器的触点	
40	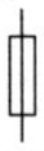	熔断器一般符号	
41		熔断器式开关	熔断器
42		熔断器式隔离开关	
43	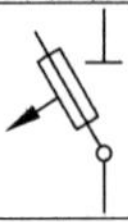	跌开式熔断器	
44		避雷器	
45	●	避雷针	
46		电机的一般符号	C—同步变流机 G—发电机 GS—同步电动机 M—电动机 MG—能作为发电机或电动机使用的电机 MS—同步电动机 SM—伺服电机 TG—测速发电机 TM—力矩电动机 IS—感应同步器

续表

序号	图形符号	说　明	备　注
47	Ⓜ	交流电动机	
48		双绕组变压器,电压互感器	
49		三绕组变压器	
50		电流互感器	
51		电抗器,扼流圈	
52		自耦变压器	
53	Ⓥ	电压表	
54	Ⓐ	电流表	
55	Ⓒₒₛφ	功率因素表	
56	Wh	电度表	
57		钟	
58		电铃	
59		电喇叭	
60		蜂鸣器	
61		调光器	
62	［ *t* ］	限时装置	
63	——	导线、导线组、电线、电缆、电路、传输通路、线路母线一般符号	
64		中性线	
65		保护线	
66	⊗	灯的一般符号	
67	○$^{A-B}_C$	电杆的一般符号	
68	11 12 13 14 15 16	端子板(示出带线端标记的端子板)	
69		屏、台、箱、柜的一般符号	
70		动力或动力-照明配电箱	
71		单相插座	

续表

序号	图形符号	说　明	备　注
72		密闭（防水）	
73		防爆	
74		电信插座的一般符号	可用文字和符号加以区别： TP——电话 TX——电传 TV——电视 ＊——扬声器 M——传声器 FM——调频
75		开关的一般符号	
76		钥匙开关	
77		定时开关	
78		阀的一般符号	
79		电磁制动器	
80		按钮的一般符号	
81		按钮盒	
82		电话机的一般符号	
83		扬声器一般符号	
84		传声器一般符号	
85		天线一般符号	
86		放大器的一般符号 中继器的一般符号	三角形指向传输方向
87		分线盒一般符号	
88		室内分线盒	
89		室外分线盒	

1.2.2 电气设备用图形符号

1. 电气设备用图形符号的含义及用途

电气设备用图形符号是完全区别于电气图用图形符号的一类符号。设备用图形符号主要适用于各种类型的电气设备或电气设备部件,使操作人员了解其用途和操作方法。这些符号也可用于安装或移动电气设备的场合,以指出诸如禁止、警告、规定或限制等应注意的事项。

(1)设备用图形符号的一般用途

设备用图形符号的主要用途是:识别(例如,设备或抽象概念);限定(例如,变量或附属功能);说明(例如,操作或使用方法);命令(例如,应做或不应做的事);警告(例如,危险警告);指示(例如,方向或数量)。

通常,标志在设备上的图形符号,应告知设备使用者如下信息。

① 识别电器设备或其组成部分(如控制器、显示器);

② 指示功能状态(如通、断、告警);

③ 标志连接(如端子、接头);

④ 提供包装信息(如内容识别、装卸说明);

⑤ 提供电器设备操作说明(如警告、使用限制)。

(2)设备用图形符号在电气图中应用

在电气图中,尤其是在某些电气平面图、电气系统说明书用图等图中,也可以适当地使用这些符号,以补充这些图所包含的内容。例如,图 1.15 所示的电路图,为了补充电阻器 R1、R3、R4 的功能,在其符号旁使用了设备图形符号,从而使人们阅读和使用这个图时,便非常明确地知道:R1 是"亮度"调整用电阻器,R3 是"对比度"调整用电阻器,R4 是"彩色饱和度"调整用电阻器。

设备用图形符号与图用图形符号的形式大部分是不同的,但有一些也是相同的,不过含义大不相同。例如,设备用熔断器图形符号虽然与图用图形符号的形式是一样的,但图用熔断器符号表示的是一类熔断器。而设备

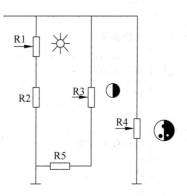

图 1.15 附有设备用图形符号的
电器图示例

用图形符号如果标在设备外壳上,则表示熔断器盒及其位置;如果标在某些电气图上,也仅仅表示熔断器的安装位置。

2. 常用设备用图形符号

电气设备用图形符号分为 6 个部分:通用符号,广播、电视及音响设备符号,通信、测量、定位符号,医用设备符号,电话教育设备符号,家用电器及其他符号,见表1.10。

表 1.10　常用设备用图形符号

序号	名　称	符　号	应 用 范 围
1	直流电	===	适用于直流电的设备的铭牌上,以及表示直流电的端子
2	交流电	∼	适用于交流电的设备的铭牌上,以及表示交流电的端子
3	正极	┼	表示使用或产生直流电设备的正端
4	负极	─	表示使用或产生直流电设备的负端
5	电池检测	┤├	表示电池测试按钮和表明电池情况的灯或仪表
6	电池定位	[+]	表示电池盒本身和电池的极性和位置
7	整流器	▷├	表示整流设备及其有关接线端和控制装置
8	变压器	⊗	表示电气设备可通过变压器与电力线连接的开关、控制器、连接器或端子,也可用于变压器包封或外壳上
9	熔断器	▭	表示熔断器盒及其位置
10	测试电压	☆	表示该设备能承受 500V 的测试电压
11	危险电压	ϟ	表示危险电压引起的危险
12	接地	⏚	表示接地端子
13	保护接地	⏚	表示在发生故障时防止电击的与外保护导体相连接的端子,或与保护接地相连接的端子
14	接机壳、接机架	⊥	表示连接机壳、机架的端子
15	输入	⊸	表示输入端
16	输出	⊶	表示输出端
17	过载保护装置	△	表示一个设备装有过载保护装置
18	通	│	表示已接通电源,必须标在开关的位置
19	断	○	表示已与电源断开,必须标在开关的位置
20	可变性(可调性)	◁	表示量的被控方式,被控量随图形的宽度而增加
21	调到最小	▽	表示量值调到最小值的控制
22	调到最大	△	表示量值调到最大值的控制
23	灯、照明设备	☼	表示控制照明光源的开关
24	亮度、辉度	☼	表示亮度调节器、电视接收机等设备的亮度、辉度控制
25	对比度	◐	表示电视接收机等的对比度控制
26	色饱和度	☯	表示彩色电视机等设备上的色彩饱和度控制

1.2.3 标志用图形符号和标注用图形符号

在某些电气图上,标志用图形符号和标注用图形符号也是构成电气图的重要组成部分。

1. 标志用图形符号

标志用图形符号的种类及用途如下。

① 公共信息用标志符号 向公众提供无须专业或职业训练就可理解的信息。

② 公共标志用符号 传递特定的安全信息。

③ 交通标志用符号 传递特定交通管理信息。

④ 包装储运标志用符号 用于货物外包装,以提示与运输有关的信息。

与某些电气图关系较密切的公共信息标志用图形符号见图1.16。

图 1.16 公共信息标志用图形符号

2. 标注用图形符号

标注用图形符号是表示产品的设计、制造、测量和质量,保证整个过程中所设计的几何特性(如尺寸、距离、角度、形状、位置、定向、微观表面)和制造工艺等。

电气图上常用的标注用图形符号主要有以下几种。

(1) 安装标高和等高线符号

标高有绝对标高和相对标高两种表示方法。绝对标高又称为海拔高度,是以青岛市外黄海平面作为零点而确定的高度尺寸。相对标高是选定某一参考面或参考点为零点而确定的高度尺寸。

　　电气位置图均采用相对标高。它一般采用室外某一平面、某层楼平面作为零点而计算高度。这一标高称为安装标高或敷设标高。安装标高的符号及标高尺寸标注示例如图 1.17 所示。图 1.17(a)用于室内平面、剖面图上,表示高出某一基准面 3.00m;图 1.17(b)用于总平面图上的室外地面,表示高出室外某一基准面 5.00m。

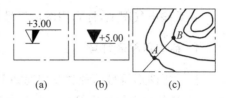

图 1.17　安装标高和等高线
图形符号示例

　　等高线是在平面图上显示地貌特征的专用图线。由于相邻两线之间的距离是相等的,例如为 10m,则图 1.17(c)表示的 A、B 两点的高度差为 $2×10m＝20m$。

　　(2) 方位和风向频率标记符号

　　电力、照明和电信布置图等类图样一般按上北下南、左西右东表示电气设备或构筑物的位置和朝向,但在许多情况下需用方位标记表示其朝向。方位标记如图 1.18 所示,其箭头方向表示正北方向(N)。

　　为了表示设备安装地区一年四季风向情况,在电气布置图上往往还标有风向频率标记。它是根据某一地区多年平均统计的各个方向吹风次数的百分数,按一定比例绘制而成的。风向频率标记形似一朵玫瑰花,故又称为风玫瑰图。图 1.18 是某地区的风向频率标记,其箭头表示正北方向,实线表示全年的风向频率,虚线表示夏季(6～8月)的风向频率。由此可知,该地区常年以西北风为主,而夏季以东南风为主。

　　(3) 建筑物定位轴线符号

　　电力、照明和电信布置图通常是在建筑物平面图上完成的。在这类图上一般标有建筑定位轴线。凡承重墙、柱、梁等主要承重构件的位置所画的轴线,称为定位轴线。

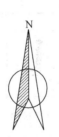
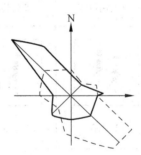

图 1.18　方位和风向频率标记

　　定位轴线编号的基本原则是:在水平方向,从左至右用顺序的阿拉伯数字,在垂直方向采用拉丁字母(不用易混淆的 I、O、Z),由下向上编写,数字和字母分别用点划线引出。轴线标注式样见图 1.19,其定位轴线分别是 A、B、C 和 1、2、3、4、5。

　　一般而言,各相邻定位轴线间的距离是相等的,所以,位置图上的定位轴线相当于地图的经纬线,也类似于图幅分区,有助于制图和读图时确定设备的位置,计算电气管线的长度。

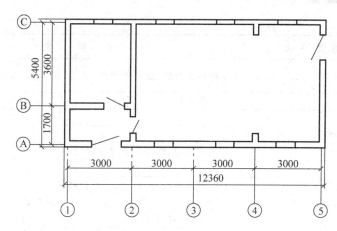

图 1.19 建筑物定位轴线示例

1.3 电气技术中的文字符号和项目代号

一个电气系统或一种电气设备通常都是由各种基本件、部件、组件等组成,为了在电气图上或其他技术文件中表示这些基本件、部件、组件,除了采用各种图形符号外,还须标注一些文字符号和项目代号,以区别这些设备及线路不同的功能、状态和特征等。

1.3.1 文字符号

文字符号通常可分为基本文字符号、辅助文字符号和数字。用于提供电气设备、装置和元器件的种类字母代码和功能字母代码。

1. 基本文字符号

基本文字符号可分为单字母符号和双字母符号两种。

(1) 单字母符号

单字母符号是用英文字母将各种电气设备、装置和元器件划分为 23 大类,每一大类用一个专用单字母符号表示,如 R 表示电阻器类,Q 表示电力电路的开关器件等,见表 1.11。其中,I、O 易同阿拉伯数字 1、0 混淆,不允许使用,字母 J 也未采用。

表 1.11 电气设备常用的单字母符号

符号	项 目 种 类	举 例
A	组件、部件	分离元件放大器、磁放大器、激光器、微波激发器、印刷电路板等组件、部件
B	变换器(从非电量到电量或相反)	热电传感器、热电偶
C	电容器	
D	二进制单元 延迟器件 存储器件	数字集成电路和器件、延迟线、双稳态元件、单稳态元件、磁芯存储器、寄存器、磁带记录机、盘式记录机
E	杂项	光器件、热器件、本表其他地方未提及的元件
F	保护器件	熔断器、过电压放电器件、避雷器

符号	项 目 种 类	举　　例
G	发电机 电源	旋转发电机、旋转变频机、电池、振荡器、石英晶体振荡器
H	信号器件	光指示器、声指示器
J	--	--
K	继电器、接触器	--
L	电感器、电抗器	感应线圈、线路陷波器、电抗器
M	电动机	--
N	模拟集成电路	运算放大器、模拟/数字混合器件
P	测量设备、试验设备	指示、记录、计算、测量设备、信号发生器、时钟
Q	电力电路开关	断路器、隔离开关
R	电阻器	可变电阻器、电位器、变阻器、分流器、热敏电阻
S	控制电路的开关选择器	控制开关、按钮、限制开关、选择开关、选择器、接触器、连接级
T	变压器	电压互感器、电流互感器
U	调制器、变换器	鉴频器、解调器、变频器、编码器、逆变器、电报译码器
V	电真空器件 半导体器件	电子管、气体放电管、晶体管、晶闸管、二极管
W	传输导线 波导、天线	导线、电缆、母线、波导、波导定向耦合器、偶极天线、抛物面天线
X	端子、插头、插座	插头和插座、测试塞空、端子板、焊接端子、连接片、电缆封端和接头
Y	电气操作的机械装置	制动器、离合器、气阀
Z	终端设备、混合变压器、滤波器、均衡器、限幅器	电缆平衡网络、压缩扩展器、晶体滤波器、网络

（2）双字母符号

双字母符号是由表 1.11 中的一个表示种类的单字母符号与另一个字母组成,其组合形式为:单字母符号在前、另一个字母在后。双字母符号可以较详细和更具体地表达电气设备、装置和元器件的名称。双字母符号中的另一个字母通常选用该类设备、装置和元气件的英文名词的首位字母,或常用缩略语,或约定俗成的习惯用字母。例如:G 为电源的单字母符号,Synchronous generator 为同步发电机的英文名,则同步发电机的双字母符号为 GS。

电气图中常用的双字母符号见表 1.12。

表 1.12　电气图中常用的双字母符号

序号	设备、装置和元器件种类	名　　称	单字母符号	双字母符号
1	组件和部件	天线放大器	A	AA
		控制屏		AC
		晶体管放大器		AD
		应急配电箱		AE
		电子管放大器		AV
		磁放大器		AM
		印刷电路板		AP
		仪表柜		AS
		稳压器		AS

续表

序号	设备、装置和元器件种类	名　　称	单字母符号	双字母符号
2	电量到电量变换器或电量到非电量变换器	变换器	B	
		扬声器		
		压力变换器		BP
		位置变换器		BQ
		速度变换器		BV
		测速发电机		BR
		温度变换器		BT
3	电容器	电容器	C	
		电力电容器		CP
4	其他元器件	本表其他地方未规定器件	E	
		发热器件		EH
		发光器件		EL
		空气调节器		EV
5	保护器件	避雷器	F	FL
		放电器		FD
		具有瞬时动作的限流保护器件		FA
		具有延时动作的限流保护器件		FR
		具有瞬时和延时动作的限流保护器件		FS
		熔断器		FU
		限压保护器件		FV
6	信号发生器发电机电源	发电机	G	
		同步发电机		GS
		异步发电机		GA
		蓄电池		GB
		直流发电机		GD
		交流发电机		GA
		永磁发电机		GM
		水轮发电机		GH
		汽轮发电机		GT
		风力发电机		GW
		信号发生器		GS
7	信号器件	声响指示器	H	HA
		光指示器		HL
		指示灯		HL
		蜂鸣器		HZ
		电铃		HE

续表

序号	设备、装置和元器件种类	名　称	单字母符号	双字母符号
8	继电器和接触器	继电器	K	
		电压继电器		KV
		电流继电器		KA
		时间继电器		KT
		频率继电器		KF
		压力继电器		KP
		控制继电器		KC
		信号继电器		KS
		接地继电器		KE
		热继电器		KH
		接触器		KM
9	电感器和电抗器	扼流线圈	L	LC
		励磁线圈		LE
		消弧线圈		LP
		陷波器		LT
10	电动机	电动机	M	
		直流电动机		MD
		力矩电动机		MT
		交流电动机		MA
		同步电动机		MS
		绕线转子异步电动机		MM
		伺服电动机		MV
11	测量设备和试验设备	电流表	P	PA
		电压表		PV
		（脉冲）计数器		PC
		频率表		PF
		电能表		PJ
		温度计		PH
		电钟		PT
		功率表		PW
12	电力电路的开关器件	断路器	Q	QF
		隔离开关		QS
		负荷开关		QL
		自动开关		QA
		转换开关		QC
		刀开关		QK
		转换（组合）开关		QT

续表

序号	设备、装置和元器件种类	名　　称	单字母符号	双字母符号
13	电阻器	电阻器、变阻器	R	
		附加电阻器		RA
		制动电阻器		RB
		频敏变阻器		RF
		压敏电阻器		RV
		热敏电阻器		RT
		启动电阻器(分流器)		RS
		光敏电阻器		RL
		电位器		RP
14	控制电路的开关选择器	控制开关	S	SA
		选择开关		SA
		按钮开关		SB
		终点开关		SE
		限位开关		SLSS
		微动开关		
		接近开关		SP
		行程开关		ST
		压力传感器		SP
		温度传感器		ST
		位置传感器		SQ
		电压表转换开关		SV
15	变压器	变压器	T	
		自耦变压器		TA
		电流互感器		TA
		控制电路电源用变压器		TC
		电炉变压器		TF
		电压互感器		TV
		电力变压器		TM
		整流变压器		TR
16	调制变换器	整流器	U	
		解调器		UD
		频率变换器		UF
		逆变器		UV
		调制器		UM
		混频器		UM
17	电子管、晶体管	控制电路用电源的整流器	V	VC
		二极管		VD
		电子管		VE
		发光二极管		VL
		光敏二极管		VP
		晶体管		VR
		晶体三极管		VT
		稳压二极管		VV

续表

序号	设备、装置和元器件种类	名 称	单字母符号	双字母符号
18	传输通道、波导和天线	导线、电缆	W	
		电枢绕组		WA
		定子绕组		WC
		转子绕组		WE
		励磁绕组		WR
		控制绕组		WS
19	端子、插头、插座	输出口	X	XA
		连接片		XB
		分支器		XC
		插头		XP
		插座		XS
		端子板		XT
20	电器操作的机械器件	电磁铁	Y	YA
		电磁制动器		YB
		电磁离合器		YC
		防火阀		YF
		电磁吸盘		YH
		电动阀		YM
		电磁阀		YV
		牵引电磁铁		YT
21	终端设备、滤波器、均衡器、限幅器	衰减器	Z	ZA
		定向耦合器		ZD
		滤波器		ZF
		终端负载		ZL
		均衡器		ZQ
		分配器		ZS

2. 辅助文字符号

辅助文字符号是用以表示电气设备、装置和元器件以及线路的功能、状态和特征的。如 ACC 表示加速，BRK 表示制动等。辅助文字符号也可以放在表示种类的单字母符号后边组成双字母符号，例如 SP 表示压力传感器。若辅助文字符号由两个以上字母组成时，为简化文字符号，只允许采用第一位字母进行组合，如 MA 表示同步电动机。辅助文字符号还可以单独使用，如 OFF 表示断开，DC 表示直流等，辅助文字符号一般不能超过三位字母。

电气图中常用的辅助文字符号见表 1.13。

表 1.13 电气图中常用的辅助文字符号

序号	名　　称	符号	序号	名　　称	符号
1	电流	A	29	低,左,限制	L
2	脚流	AC	30	闭锁	LA
3	自动	AUT	31	主,中,手动	M
4	加速	ACC	32	手动	MAN
5	附加	ADD	33	中性线	N
6	可调	ADJ	34	断开	OFF
7	辅助	AUX	35	闭合	ON
8	异步	ASY	36	输出	OUT
9	制动	BRK	37	保护	P
10	黑	BK	38	保护接地	PE
11	蓝	BL	39	保护接地与中性线共用	PEN
12	向后	BW	40	不保护接地	PU
13	控制	C	41	反,由,记录	R
14	顺时针	CW	42	红	RD
15	逆时针	CCW	43	复位	RST
16	降	D	44	备用	RES
17	直流	DC	45	运转	RUN
18	减	DEC	46	信号	S
19	接地	E	47	启动	ST
20	紧急	EM	48	置位,定位	SET
21	快速	F	49	饱和	SAT
22	反馈	FB	50	步进	STE
23	向前,正	FW	51	停止	STP
24	绿	GN	52	同步	SYN
25	高	H	53	温度,时间	T
26	输入	IN	54	真空,速度,电压	V
27	增	ING	55	白	WH
28	感应	IND	56	黄	YE

3. 文字符号的组合

文字符号的组合形式一般为：基本符号＋辅助符号＋数字序号。

例如：第一台电动机,其文字符号为 M1；第一个接触器,其文字符号为 KM1。

4. 特殊用途文字符号

在电气图中,一些特殊用途的接线端子、导线等通常采用一些专用的文字符号。如：三相交流系统电源分别用"L1、L2、L3"表示,三相交流系统的设备分别用"U、V、W"表示。

1.3.2 项目代号

1. 项目代号的组成

项目代号是用以识别图、图表、表格中和设备上的项目种类,并提供项目的层次关系、实际位置等信息的一种特定的代码。每个表示元件或其组成部分的符号都必须标注其项目代号,在不同的图、图表、表格、说明书中的项目和设备中的该项目均可通过项目代号相互联系。

完整的项目代号包括四个相关信息的代号段,每个代号段都用特定的前缀符号加以区别。

完整项目代号的组成见表 1.14。

表 1.14　完整项目代号的组成

代号段	名称	定　　义	前缀符号	示例
第 1 段	高层代号	系统或设备中任何较高层次(对给予代号的项目而言)项目的代号	＝	＝S2
第 2 段	位置代号	项目在组件、设备、系统或建筑物中的实际位置的代号	＋	＋C15
第 3 段	种类代号	主要用以识别项目种类的代号	－	－G6
第 4 段	端子代号	用以同外电路进行电气连接的电器导电件的代号	:	: 11

2. 高层代号的构成

一个完整的系统或成套设备中任何较高层次项目的代号,称为高层代号。例如:S1 系统中的开关 Q2,可表示为＝S1－Q2,其中 S1 为高层代号。

X 系统中的第 2 个子系统中第 3 个电动机可表示为＝X＝2－M3,简化为 ＝X2－M3。

3. 种类代号的构成

用以识别项目种类的代码,称为种类代号。通常,在绘制电路图或逻辑图等电气图时就要确定项目的种类代号。确定项目的种类代号的方法有三种。

第一种方法,也是最常用的方法,是由字母代码和图中每个项目规定的数字组成。按这种方法选用的种类代码还可补充一个后缀,即代表特征动作或作用的字母代码,称为功能代号。可在图上或其他文件中说明该字母代码及其表示的含义。例如:－K2M 表示具有功能为 M 的序号为 2 的继电器。一般情况下,不必增加功能代号,如需增加,为了避免混淆,位于复合项目种类代号中间的前缀符号不可省略。

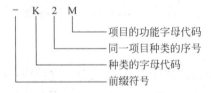

第二种方法,是仅用数字序号表示。给每个项目规定一个数字序号,将这些数字序号和它代表的项目排列成表放在图中或附在另外的说明中。例如:－2、－6 等。

第三种方法,是仅用数字组。按不同种类的项目分组编号。将这些编号和它代表的项目排列成表置于图中或附在图后。例如:在具有多种继电器的图中,时间继电器用 11、12、13…表示;速度继电器用 21、22、23…表示。

4．位置代号的构成

项目在组件、设备、系统或建筑物中的实际位置的代号，称为位置代号。通常，位置代号由自行规定的拉丁字母或数字组成。在使用位置代号时，应给出表示该项目位置的示意图。如图 1.20 为一个包括 4 列开关柜和控制柜的控制室的位置代号示意图，其中每列均由几个机柜组成。在该位置代号中，各列用字母表示，各机柜用数字表示。例如：B 列柜的第三机柜的位置代号为＋B＋3。必要时，可在位置代号中增加更多的内容，例如以上设备是安装在 106 室的，则其位置代号可表示为＋106＋B＋3。如不致引起混淆，代号中间的前缀符号可省略，即表示为＋106B3。

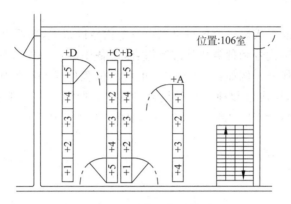

图 1.20 设备的位置代号

开关设备或控制设备还可以用网格定位系统绘出其位置代号。如图 1.21 所示，每个垂直和水平安装板都在各自板上给出具有同原点（参考点）的网格而形成模数定位系统，其中垂直模数 01～40，水平模数 01～60 和－1～30。项目的位置参照该项目上离安装板的网格系统原点最近的一点确定。图中标出了 B、C、D 等安装板的安装位置，其位置代号就可相应地确定。

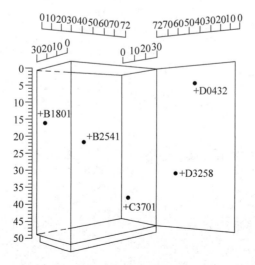

图 1.21 网格定位系统示意图

例如：+B2541 表示该项目在安装板 B 的垂直模数为 25、水平模数为 41 的这一点上，如果该项目安装在机柜+106+C+3 上，则其位置代号为+106+C+3+B2541，或简写为+106C3B2541。

5．端子代号的构成

端子代号是完整的项目代号的一部分。当项目具有接线端子标记时，端子代号必须与项目上端子的标记相一致。端子代号通常采用数字或大写字母，特殊情况下也可用小写字母表示。例如，−Q3：B,表示隔离开关 Q3 的 B 号端子。

6．项目代号的组合

项目代号由代号段组成。一个项目可以由一个代号段组成，也可以由几个代号段组成。通常项目代号可由高层代号和种类代号进行组合，设备中的任一项目均可用高层代号和种类代号组成一个项目代号。例如：=2−G3；也可由位置代号和种类代号进行组合，例如：+5−G2；还可先将高层代号和种类代号组合，用以识别项目，再加上位置代号，提供项目的实际安装位置，例如：=P1−Q2+C5S6M10，表示 P1 系统中的开关 Q2,位置在 C5 室 S6 列控制柜 M10 中。

第 **2** 章 电气图的基本表示方法

本章主要介绍电气图的基本表示方法,包括电气线路的表示方法、电气元件的表示方法、电气元件触点的表示方法、元件接线端子的表示方法、连接线的一般表示方法、连接的连续表示法和中断表示法以及导线的识别标记及其标注方法等。

2.1 电气线路的表示方法

电气线路的表示方法通常有多线表示法、单线表示法和混合表示法三种。

2.1.1 多线表示法

电气图中的每根连接线或导线各用一条图线表示的方法,称为多线表示法。

多线表示法能比较清楚地看出电路的连接,一般用于表示各相或各线内容的不对称情况和各相或各线的具体连接方法的情况,但对于较复杂的设备,图线太多反而有碍读图。

图 2.1 为三相笼型异步电动机实现正、反转的主电路图。图中 KM1、KM2 分别为正、反转接触器,它们的主触点接线的相序不同,KM1 按 U—V—W 相序接线,KM2 按 V—U—W 相序接线,即将 U、V 两相对调,所以两个接触器分别工作时,电动机的旋转方向不一样,实现电动机的可逆运转。

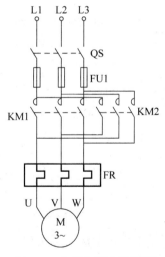

图 2.1 多线表示法示例图

2.1.2 单线表示法

电气图中的两根或两根以上的连接线或导线,只用一根线表示的方法,称为单线表示法。

单线表示法主要适用于三相电路或各线基本对称的电路图中,对于不对称的部分应在图中有附加说明。主要有以下几种情况。

① 当平行线太多时往往用单线表示法,如图 2.2(a)所示。

② 当一组线其两端都有各自编号时,可采用单线表示法,如图 2.2(b)(多线表示法)和图 2.2(c)(单线表示法)所示。

③ 当一组线中交叉线太多时,可采用单线表示法,但两端不同位置的连接线应标以相同的编号,如图 2.2(d)所示。

④ 用单线表示多根导线或连接线,用单个符号表示多个元件,如图 2.2(e)和图 2.2(f)所示,可分别表示出线数或元件数。

⑤ 当单根导线汇入用单线表示的一组连接线时,可采用单线表示法,应在每根连接线的末端注上标记符号,汇接处用斜线表示,其方向表示连接线进入或离开汇总线的方向,如图 2.2(g)所示。

⑥ 图 2.2(h)为具有正、反转电动机的单线表示的主电路图。

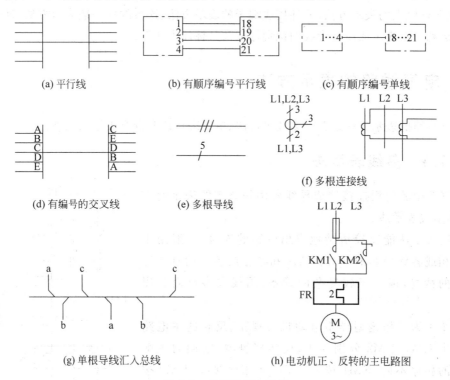

图 2.2 单线表示法示例

单线表示法还可引申用于图形符号,即用单个图形符号表示多个相同的元器件,见表 2.1。

表 2.1 单线表示法引申用于图形符号

序号	单线表示法	等效的多线表示法	说　明
1			一个手动三极开关

续表

序号	单线表示法	等效的多线表示法	说　明
2	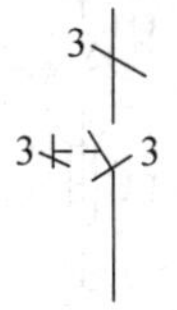		三个手动单极开关
3	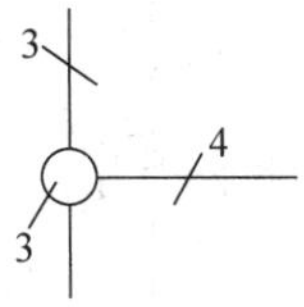	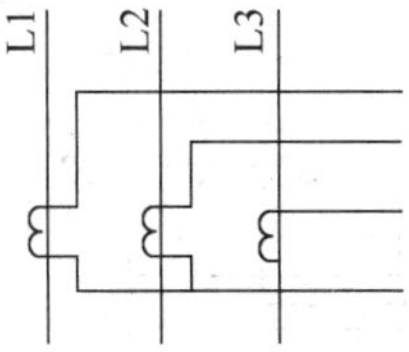	三个电流互感器；四个次级引线引出
4	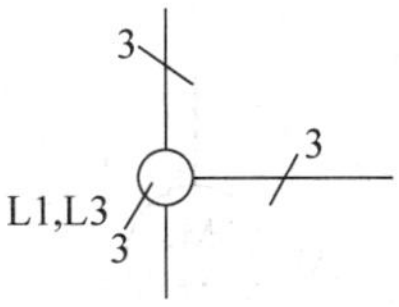	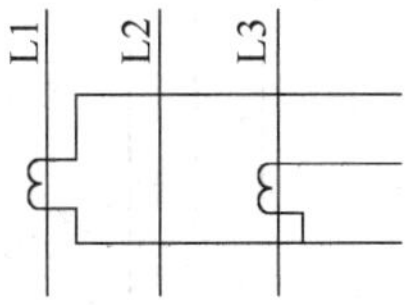	两个电流互感器，导线 L1 和导线 L3；三个次级引线引出
5	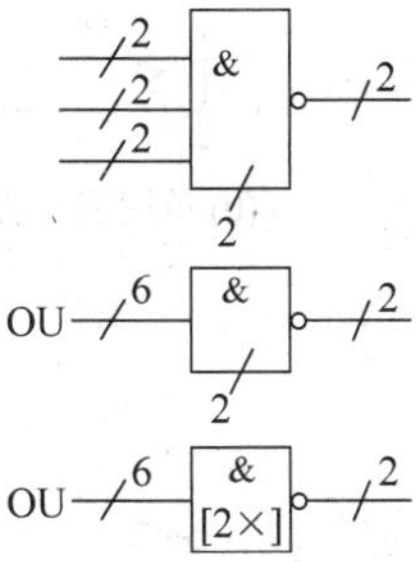	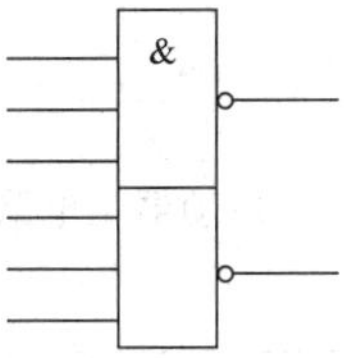	两个相同的三输入与非门（带有非输出）
6	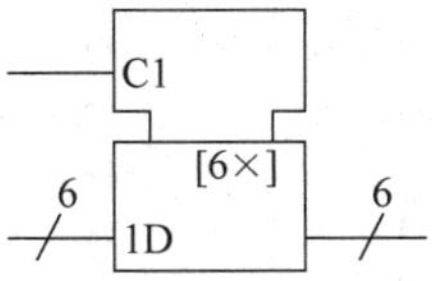		带有公共控制框的六个相同的 D-寄存器

图 2.3 为Y-△启动器主电路连接线的多线表示法和单线表示法。

2.1.3　混合表示法

在一个电气图中，一部分采用单线表示法，一部分采用多线表示法，成为混合表示法。星-三角启动器主电路的混合表示法如图 2.4 所示。

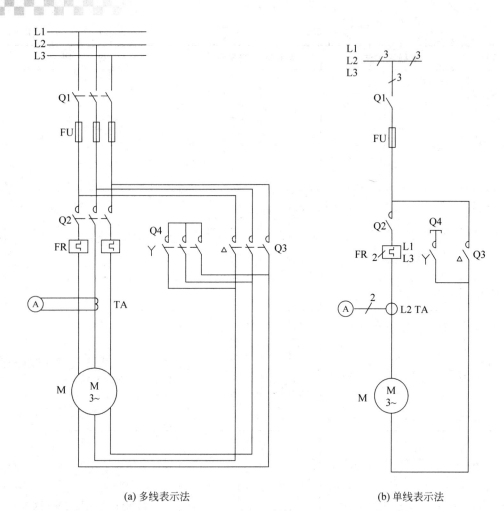

(a) 多线表示法　　　　　　　　　　　　　(b) 单线表示法

图 2.3　Y-△启动器主电路连接线示例

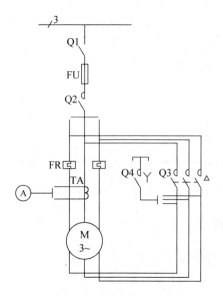

图 2.4　Y-△启动器主电路混合表示法

为了表示三相绕组的连接情况和不对称分布的两相热继电器,采用多线表示法,其他的三相对称部分均采用单线表示法。

混合表示法既有单线表示法的简洁精练的优点,又有多线表示法对描述对象精确、充分的优点。

2.2 电气元件的表示方法

电气元件在电气图中通常用图形符号来表示,一个完整的电气元件中功能相关的各部分通常采用集中表示法、半集中表示法、分开表示法和重复表示法等表示方法,元件中功能无关的各部分(元件的各部分可能有公共的电压供电连接点)可采用组合表示法或分立表示法。

2.2.1 集中表示法

把设备或成套装置中的一个项目各组成部分的图形符号在简图上绘制在一起的方法,称为集中表示法。在集中表示法中,各组成部分用机械连接线(虚线)互相连接起来,连接线必须是一条直线,这种表示法只适用于比较简单的电路图。如图2.5所示,继电器 KA 有一个线圈和一对常开触点,接触器 KM 有一个线圈和三对常开触点,它们分别用机械连接线联系起来,各自构成一个整体。

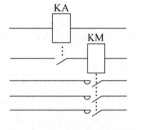

图2.5 集中表示法示例

集中表示法符号示例见表2.2,图2.6为用集中表示法表示的"双向旋转驱动系统电路图"的示例。

表2.2 集中表示法符号示例

序 号	集中表示法	说 明
1	A1 A2 13 14 23 24	继电器
2	24 21 22 13 14 E	按钮开关
3	U1 U2 M ~ 13 14 113 113 114 C1 C2 1 3 5 2 4 6	手动的或电动的带自动脱扣机构、脱扣线圈、过电流和过负荷释放的断路器

序　号	集中表示法	说　明
4		三绕组变压器
5		光耦合器
6		有公共控制框的四路选择器

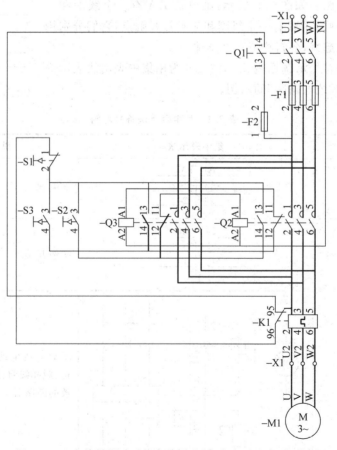

图 2.6　双向旋转驱动系统电路图(用集中表示法表示)示例

2.2.2　半集中表示法

把一个项目中某些部分的图形符号在简图中分开布置,并用机械连接符号把它们连接起来,称为半集中表示法。在半集中表示法中,机械连接线可以弯折、分支或交叉。例如,图2.7中KM具有一个线圈、三对主触点和一对辅助触点。由于线圈属于控制电路,三对主触点属于主电路,而一对辅助触点属于信号电路,用半集中表示法表示比较清楚。

半集中表示法符号示例见表2.3,图2.8为用半集中表示法表示的"双向旋转驱动系统电路图"的示例。

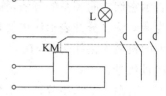

图2.7　半集中表示法示例

表2.3　半集中表示法符号示例

序号	半集中表示法	说　明
1	A1 A2　13 14　23 24	继电器
2	13 14　24 21　22	按钮开关
3	M　13 14　1113　114　C1 C2　1 3 5　2 4 6	手动的或电动的带自动脱扣机构、脱扣线圈、过电流和过负荷释放的断路器

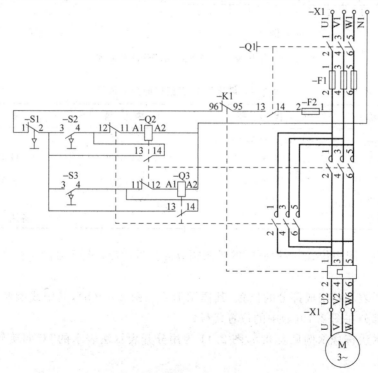

图2.8　双向旋转驱动系统电路图(用半集中表示法表示)示例

2.2.3 分开表示法

把一个项目中某些部分的图形符号在简图中分开布置,并使用项目代号(或文字符号)表示它们之间关系的方法,称为分开表示法,分开表示法也称为展开法。分开表示法也就是把集中表示法或半集中表示法中的机械连接线去掉,在同一个项目图形符号上标注同样的项目代号。

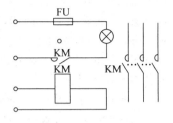

若图 2.7 采用分开表示法,就成为图 2.9。这样图中的点划线就少,图面更简洁,但是在看图时,要寻找各组成部分比较困难,必须综观全局,把同一项目的图形符号在图中全部找出,否则在看图时就可能会遗漏。

图 2.9 分开表示法示例

为了看清元件、器件和设备各组成部分,便于寻找其在图中的位置,分开表示法可与半集中表示法结合起来(如图 2.10),或者采用插图、表格等表示各部分的位置(如表 2.4)。

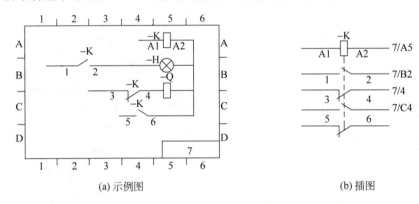

(a)示例图   (b)插图

图 2.10 分开表示法中各组成部分的位置确定方法

表 2.4 继电器 K 各组成部分的位置

名　　称	代　号	图中位置	备　注
驱动线圈	A1-A2	7/5,7/A5	
常开触点	1-2	7/2,7/B2	—H 电路中
常闭触点	3-4	7/4	—Q 电路中
常开触点	5-6	7/C4	
常闭触点	7-8		备用

表 2.4 中,"图中位置"一栏所标的是图幅分区代号,"7/4"是 7 号图 4 行,"7/C4"是 7 号图 C4 区。

若用插图表示各组成部分的位置,其插图形式如图 2.10(b),其中线圈和触点的符号,就是该组成部分在图 2.10(a)中的位置代号。

分开表示法符号示例见表 2.5,图 2.11 为用分开表示法表示的"双向旋转驱动系统电路图"的示例。

表 2.5 分开表示法符号示例

序号	分开表示法	说 明
1		继电器
2		按钮开关
3		手动的或电动的带自动脱扣机构、脱扣线圈、过电流和过负荷释放的断路器
4		三绕组变压器
5		光耦合器

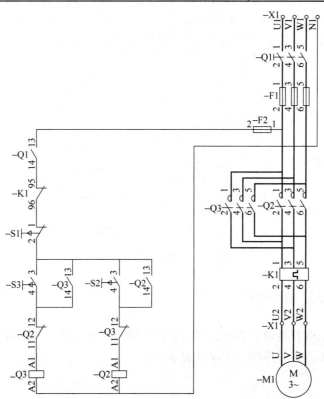

图 2.11 双向旋转驱动系统电路图（用分开表示法表示）示例

2.2.4 重复表示法

一个复杂符号（通常用于有电功能联系的元件，例如：用含有公共控制框或公共输出框的符号表示的二进制逻辑元件）示于图上的两处或多处的表示方法称为重复表示法。同一个项目代号只代表同一个元件，如图 2.12 所示。

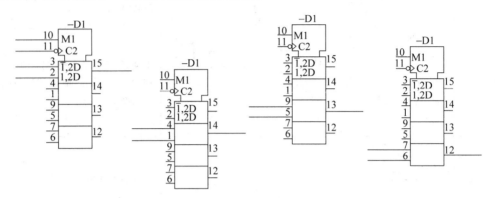

图 2.12 重复表示法示例

2.2.5 组合表示法

将功能上独立的符号的各部分画在围框线内，或将符号的各部分（通常是二进制逻辑元件或模拟元件）连在一起的方法，称为组合表示法。如图 2.13 所示，图 2.13（a）为二机电继电器的封装单元，图 2.13（b）为四输出与非门封装单元。

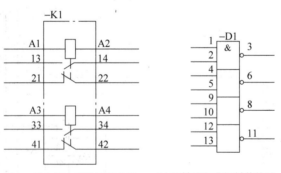

(a) 二机电继电器的封装单元   (b) 四输出与非门封装单元

图 2.13 组合表示法示例

2.2.6 分立表示法

将功能上独立的符号的各部分分开示于图上的表示方法称为分立表示法，如图 2.14 所示。注意分开表示的符号用同一个项目表示。

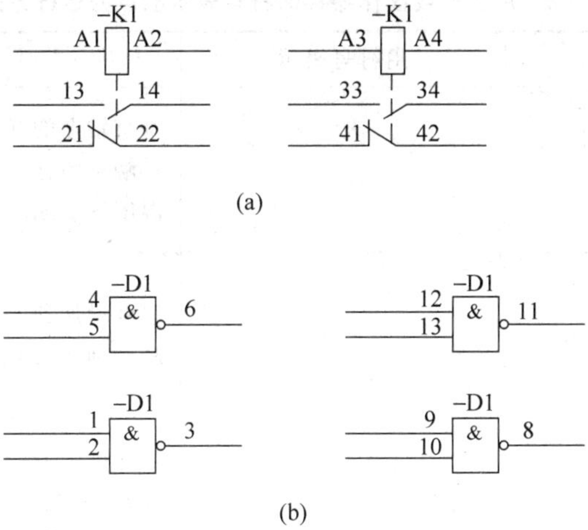

图 2.14 分立表示法示例

2.3 电气元件触点位置、工作状态和技术数据的表示方法

2.3.1 电气元件触点位置的表示方法

电气元件、器件和设备的触点按其操作方式,分为两大类:一类是靠电磁力或人工操作的触点,如接触器、电继电器、开关、按钮等的触点;一类是非电和非人工操作的触点,如非电继电器、行程开关等的触点。这两类触点,在电气图上有不同的表示方法。

(1)接触器、电气继电器、开关、按钮等项目的触点符号,在同一电路中,在加电和受力后,各触点符号的动作方向应取向一致,触点符号的取向应该是:当元件受激时,水平连接的触点动作向上,垂直连接的触点动作向右。当元件的完整符号中含有机械锁定、阻塞装置、延迟装置等符号的情况下更应如此。但是,在分开表示法表示的电路中,当触点排列复杂而没有保持等功能的情况下,为避免电路连接线的交叉,使图面布局清晰,在加电和受力后,触点符号的动作方向可不一致,触头位置可以灵活运用,没有严格的规定。

用动合触点符号或动断触点符号表示的半导体开关应按其初始状态即辅助电源已合的时刻绘制,如图 2.15 所示。

(2)对非电和非人工操作的触点,必须在其触点符号附近表明运行方式,为此可采用下列方法。

① 用图形表示。

② 用操作器件的符号表示。

③ 用注释、标记和表格表示。

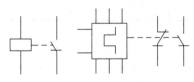

(a)动合触点符号 (b)动断触点符号

图 2.15 用触点符号表示半导体开关的方法

表 2.6 为用图形或操作器件的符号表示的非电或非人工操作的触点运行方式。

用注释、标记表示的示例如图 2.16 所示,用表格表示的示例如表 2.7 所示。

表 2.6   用图形或操作器件的符号表示触点的运行方式

序号	用图形表示	用符号表示	说　　明
1			垂直轴上的"0"表示触点断开,而"1"表示触点闭合(下同),水平轴表示温度,当温度等于或超过15℃时触点闭合
2			温度增加到35℃时触点闭合,然后温度降低到25℃时触点断开
3			当速度上升时,触点在 0m/s 处闭合,在5.2m/s 处断开,而当速度下降时,在5m/s 处闭合
4			水平轴表示角度,触点在 60°与 180°之间闭合,也在 240°与 330°之间闭合,在其他位置断开
5			触点在位置 X 和 Y 之间断开
6			触点只在位置 X 处闭合
7			触点在位置 X 的末端及以外闭合

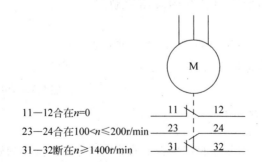

11—12合在 $n=0$

23—24合在 $100 < n \leqslant 200 \text{r/min}$

31—32断在 $n \geqslant 1400 \text{r/min}$

图 2.16   描述速度监测用引导开关功能的说明示例

表 2.7　某行程开关触点运行方式

角度/°	0~60	60~80	180~240	240~330	330~360
触点状态	0	1	0	1	0

2.3.2　元器件工作状态的表示方法

在电气图中,元器件和设备的可动部分通常应表示在非激励或不工作的状态或位置,如下所示。

① 继电器和接触器在非激励的状态,其触头状态是非受电下的状态。

② 断路器、负荷开关和隔离开关在断开位置。

③ 温度继电器、压力继电器都处于常温和常压(一个大气压)状态。

④ 带零位的手动控制开关在零位置,不带零位的手动控制开关在图中规定位置。

⑤ 机械操作开关(如行程开关)在非工作的状态或位置(即搁置)时的情况及机械操作开关的工作位置的对应关系,一般表示在触点符号的附近或另附说明。

⑥ 多重开闭器件的各组成部分必须表示在相互一致的位置上,而不管电路的工作状态。

⑦ 事故、备用、报警等开关或继电器的触点应该表示在设备正常使用的位置,如有特定位置,应在图中另加说明。

2.3.3　元器件技术数据、技术条件和说明的标志

电路中的元器件的技术数据(如型号、规格、整定值、额定值等)一般标在图形符号的近旁,当元件垂直布置时,技术数据标在元件的左边,当元件水平布置时,技术数据标在元件的上方,符号外边给出的技术数据应放在项目代号的下面。

对于像继电器、仪表、集成块等矩形符号或简化外形符号,则可标在方框内,如图 2.17 所示。另外,技术数据也可用表格的形式给出。"技术条件"或"说明"的内容应书写在图样的右侧,当书写内容多于一项时,应按阿拉伯数字顺序编号。

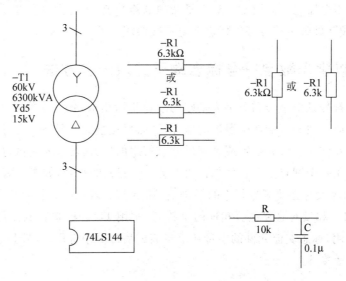

图 2.17　技术数据的标志

2.4　元件接线端子的表示方法

2.4.1　端子的图形符号

在电气元件中,用以连接外部导线的导电元件,称为端子。端子分为固定端子和可拆卸端子两种。图形符号分别为:

固定端子为"o"或"·";可拆卸端子为"Φ"。

装有多个互相绝缘并通常与地绝缘的端子的板、块或条,称为端子板。端子板的图形符号一般为:

1	2	3	4°	5

2.4.2　电器接线端子的标志

基本电气器件(如电阻器、熔断器、继电器、变压器、旋转电机等)和这些器件组成的设备(如电动机控制设备等)的接线端子以及执行一定功能的导线线端(如电源、接地、机壳接地等)的标志方法有 4 种,这 4 种方法具有同等效用,分别是:

① 按照一种公认方式明确接线端子的具体位置。

② 按照一种公认方式使用颜色代号。

③ 按照一种公认方式使用图形符号。

④ 使用大写拉丁字母和阿拉伯数字的字母数字符号。

至于在实际中选用哪一种方法,这主要取决于电气器件的类型,接线端子的实际排列以及该器件或装置的复杂性。一般来说,对于插头,指明其插脚的真实位置或相对位置和它的形状即可。对于无固定接线端子的小器件,在其绝缘布线上标明颜色代号即可。图形符号最适用于标志家用电器之类的设备。对于复杂的电器和装置,需要用字母数字符号来标志。颜色、图形符号或字母数字符号必须标志在电器接线端子处。

2.4.3　以字母数字符号标志端子的原则和方法

一个完整的符号是由字母和数字为基础的字符组所组成,每一个字符组由一个或几个字母或者数字组成。在不可能产生混淆的地方,不必用完整的字母数字符号,允许省略一个或几个字符组。在使用仅含有数字或者字母的字符组的地方,若有必要区分相连字符时,必须在两者之间采用一个圆点"·"。例如:1U1 是一个完整的符号,如果不需要用字母 U,可简化成 1·1。如果没有必要区分相连的字符组,则用 11。若一个完整的符号是 1U11,简化后的符号是 1·11,如没有必要区分相连的字符组,则用 111。标志直流元件的字母从字母表的前部分中选用,标志交流元件的字母从字母表的后部分中选用。不同元件、电器端子标志的表示方法见表 2.8。

表 2.8　不同元件、电器端子标志的表示方法

元件、电器形式	端子表示方法	图　例
单个元件	两个端点用连续的两个数字标志,奇数数字应小于偶数数字	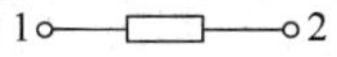
单个元件中有端点	中间各端点用自然递增的数字,应大于两边端点的数字,从靠近较小数字端点处开始标志	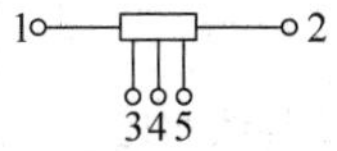
相同元件组	在数字前冠以字母,此例为识别三相交流系统各相、带六个接线端子的三相电器	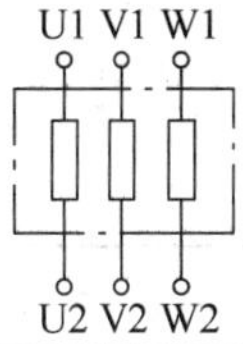
几个相似元件组合成元件组	在数字前冠以数字,此例无需或不可能识别相位。数字之间加以实心圆点或组成连续数字,但该元件的奇数数字宜小于偶数数字	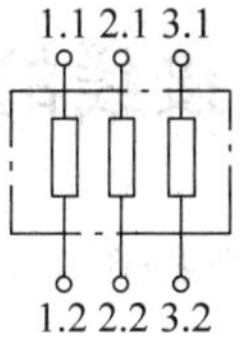 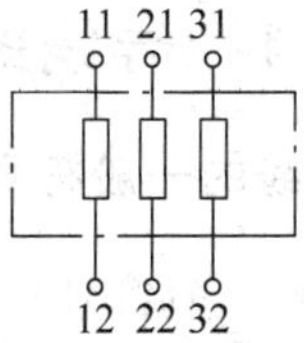 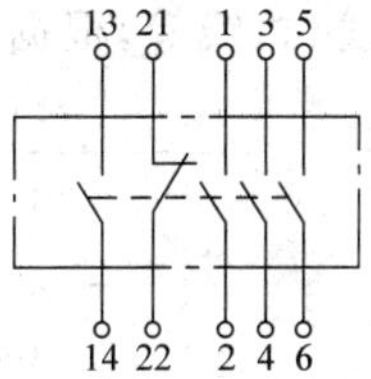
同类元件组	用相同字母标志,并在字母前冠以数字来区别	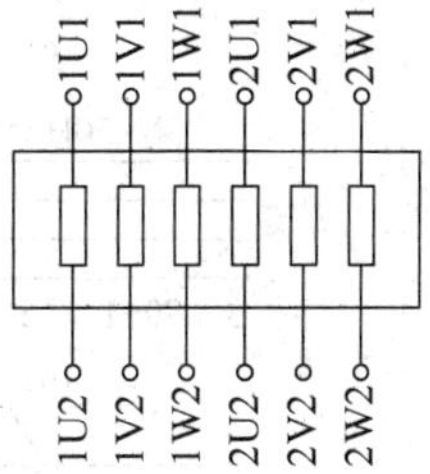 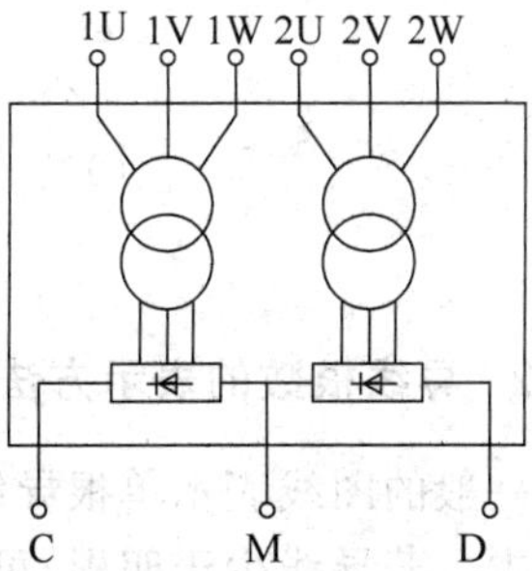

续表

元件、电器形式	端子表示方法	图 例
电器与特定导线相连	用字母数字符号表示	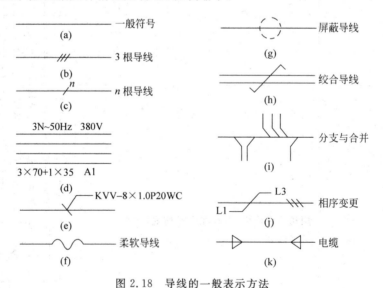

2.5 连接线的一般表示方法

在电气线路图中,各元件之间都采用导线连接,起到传输电能、传递信息的作用。

2.5.1 导线的一般表示法

1. 导线的一般符号

导线的一般符号见图 2.18,可用于表示一根导线、导线组、电线、电缆、电路、传输电路、线路、母线、总线等,根据具体情况加粗、延长或缩小。

图 2.18 导线的一般表示方法

2. 导线根数的表示方法

一般的图线表示单根导线。对于多根导线,可以分别画出,也可以只画一根图线,但需加标志。若导线少于四根,可用短划线数量代表根数,若多于四根,可在短划线旁加数字表示,如图 2.18(b)和图 2.18(c)所示。

3．导线特征的标注方法

导线的特征通常采用符号标注，表示导线特征的方法如下。

在横线上面标出电流种类、配电系统、频率和电压等。

在横线下面标出电路的导线数乘以每根导线的截面积(mm^2)，若导线的截面不同，可用"＋"将其分开。

导线材料可用化学元素符号表示。

图 2.18(d)的示例表示，该电路有 3 根相线，一根中性线(N)，交流 50Hz，380V。导线截面积为 $70mm^2$(3 根)，$35mm^2$(1 根)，导线材料为铝(Al)。

在某些图(例如安装平面图)上，若需表示导线的型号、截面、安装方法等，可采用图 2.18(e)所示的标注方法。示例的含义是：导线型号，KVV(铜芯塑料绝缘控制电缆)；截面积，$8×1.0mm^2$；安装方法，穿入塑料管(P)；塑料管管径$\varnothing20mm$；沿墙暗敷(WC)。

4．导线换位及其他表示方法

在某些情况下需要表示电路相序的变更、极性的反向、导线的交换等，则可采用图 2.18(j)的方式表示，示例的含义是 L1 相与 L3 相换位。

其他含义见图 2.18 中文字标注。

2.5.2 图线的粗细

为了突出或区分某些电路及电路的功能等，导线、连接线等可采用不同粗细的图线来表示。一般来说，电源主电路、一次电路、主信号通路等采用粗线，与之相关的其余部分用细线。例如图 2.19 中，由隔离开关 QS、断路器 QF 等组成的变压器 T 的电源电路用粗线表示，而由电流互感器 TA、电压互感器 TV、电度表 Wh 组成的电流测量电路用细线表示。

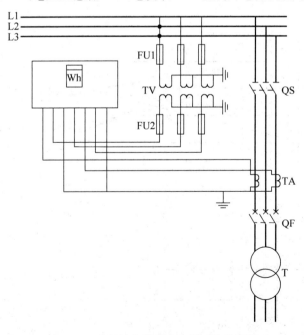

图 2.19 采用粗实线突出电源回路的示例

2.5.3　连接线的分组和标记

　　母线、总线、配电线束、多芯电线电缆等都可视为平行连接线。为了便于看图,多条平行连接线应按功能分组。不能按功能分组的,可以任意分组,每组不多于三条。组间距离应大于线间距离。图2.20(a)所示的8条平行连接线,具有两种功能,其中交流380V导线6条,分为两组,直流110V导线两条,分为一组。

　　为了表示连接线的功能或去向,可以在连接线上加注信号名或其他标记,标记一般置于连接线的上方,也可以置于连接线的中断处,必要时可以在连接线上标出波形、传输速度等信号特性的信息,如图2.20(b)所示。

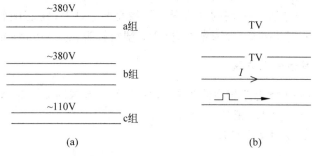

图2.20　连接线分组和标记示例

2.5.4　导线连接点的表示

　　导线的连接点有:"T"形连接点和多线的"+"形连接点。

　　对"T"形连接点可加实心圆点"·",也可不加实心圆点;对"+"形连接点必须加实心圆点,见图2.21(a)。

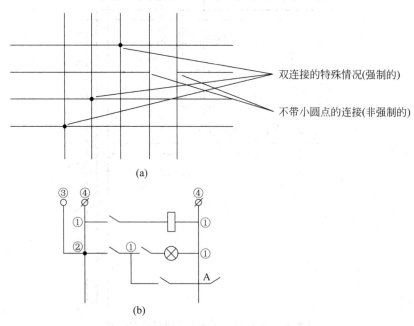

图2.21　导线连接点的表示方法及示例

对交叉而不连接的两条连接线,在交叉处不能加实心圆点,并应避免在交叉处改变方向,也应避免穿过其他连接线的连接点。

图 2.21(b)是表示导线连接点的示例。图中连接点①属"T"形连接点,没有实心圆点;连接点②属"+"字交叉连接点,必须加实心圆点;连接点③是导线与设备端子的固定连接点;连接点④是导线与设备端子的活动连接点(可拆卸连接点)。图中 A 处,表示的是两导线交叉而不连接。

2.6 连接的连续线表示法和中断线表示法

2.6.1 连续线表示法

连续线表示法是将连接线头尾用导线连通的办法。在表现形式上可用多线或单线表示,为保持图面清晰,避免线条太多,对于多条去向相同的连接线,常采用单线表示法,如图 2.22 所示。

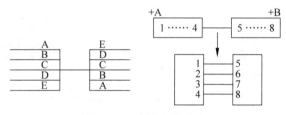

图 2.22 连续线表示法

如果有六根或六根以上的平行连接线,则应将它们分组排列。在概略图、功能图和电路中,应按照功能来分组。不能按功能分组的其余情形,则应按不多于五根线分为一组进行排列,如图 2.23 所示。

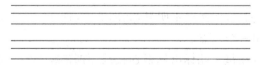

图 2.23 平行连接线分组示例

多根平行连接线可用一根图线,采用下列方法中的一种(一根图线表示一个连接组)来表示:①平行连接线被中断,留有一点间隔,画上短垂线,其间隔之间的一根横线则表示线束,见图 2.24、图 2.25 和图 2.26(a)。②单根连接线汇入线束时,应倾斜相接,如图 2.26(b)、图 2.27 和图 2.28 所示。线束与线束相交不必倾斜,见图 2.28。

图 2.24 采用短垂线方法的线组示例

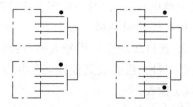

图 2.25 采用短垂线并用圆点标识
第一根连接线的线组示例

图 2.26　采用单根连接线表示线组的示例

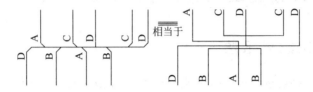

图 2.27　采用倾斜相接法并用信号代号标识连接线的线组示例

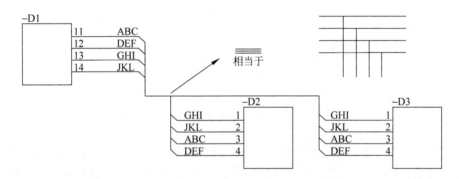

图 2.28　采用倾斜相接法并用信号代号标识连接线的线组示例

如果连接线的顺序相同,但次序不明显,如图 2.25 所示,当线束折弯时,必须在每端注明第一根连接线,例如用一个圆点。

如端点顺序不同,应在每一端标出每根连接线,如图 2.26～图 2.28 所示。必要时,通过线束表示的连接线的数目应表示出来。

2.6.2　中断线表示法

中断线表示法是将连接线在中间中断,再用符号表示导线的去向。如果连接线将要穿过图的大部分幅面稠密区域时,连接线可以中断,中断线的两端应有标记。如果连接线在一张图上被中断,而在另一张图上连续时,必须相互标出中断线末端的识别标记。

中断线的识别标记可由下列一种或多种组成。

① 连接线的信号代号或另一种标记。

② 与地、机壳或其他任何公共点相接的符号。

③ 插表。

④ 其他的方法。

在同张图中断处的两端给出相同的标记号,并给出导线连接线去向的记号,如图 2.29

中的 G 标记号。对于不同的图,应在中断处采用相对标记法,即中断处标记名相同,并标注"图序号/图区位置",见图 2.29。图 2.29 中断点 L 标记名,在第 20 号图纸上标有"L3/C4",它表示 L 中断处与第 3 号图纸的 C 行 4 列处的 L 断点连接;而在第 3 号图纸上标有"L20/A4",它表示 L 中断处与第 20 号图纸的 A 行 4 列处的 L 断点相连。

对于接线图,中断线表示法的标注采用相对标注法,即在本元件的出线端标注去连接的对方元件的端子号。如图 2.30 所示,PJ 元件的 1 号端子与 CT 元件的 2 号端子相连接,而 PJ 元件的 2 号端子与 CT 元件的 1 号端子相连接。

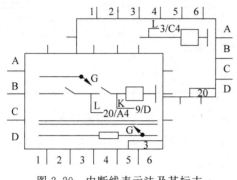

图 2.29　中断线表示法及其标志

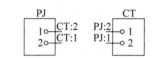

图 2.30　中断线表示法的相对标注

2.7　导线的识别标记及其标注方法

2.7.1　导线标记的分类

电气接线图中连接各设备端子的绝缘导线或线束应有标记。标记可分为主标记和补充标记。

2.7.2　主标记

主标记仅标记导线或线束的特征,而不考虑电气功能。主标记有从属标记、独立标记和组合标记三种方式。

1. 从属标记

从属标记可采用由数字或字母构成的标记,此标记由导线所连接的端子代号或线束所连接的设备代号确定,从属标记的分类和示例见表 2.9。

表 2.9　从属标记的分类和示例

分　类	要　　求	示　　例
从属远端标记	对于导线,其终端标记应与远端所连接项目的端子代号相同 对于线束,其终端标记应标出远端所连接的设备的部件的标记	

续表

分　类	要　求	示　例
从属本端标记	对于导线,其终端标记应与所连接项目的端子代号相同 对于线束,其终端标记应标出所连接的设备的部件的标记	
从属两端标记	对于导线,其终端标记应同时标明本端和远端所连接项目的端子代号 对于线束,其终端标记应同时标明本端和远端所连接设备的部件的标记	

这三种标记方式各有优缺点,从属本端标记对于本端接线,特别是导线拆卸以后再往端子上接线,比较方便;从属远端标记清楚地示出了导线连接的去向;从属两端标记综合前二者的优点,但文字较多,当图线较多时,容易混淆。

2. 独立标记

独立标记可采用数字或字母和数字构成的标记。此标记与导线所连接的端子代号或线束所连接的设备代号无关,这种方式只用于连续线方式表示的电气接线图中。图 2.31(a)为两根导线和线束(电缆) 独立标记的示例,图 2.31(b)中,两根导线分别标记"1"和"2",与两端的端子标记无关。

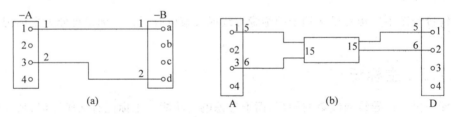

图 2.31　独立标记的示例

3. 组合标记

从属标记和独立标记一起使用的标记系统称为组合标记,图 2.32 是从属本端标记和独立标记一起使用的组合标记。

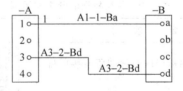

图 2.32　独立标记和从属本端标记的组合

2.7.3　补充标记

补充标记可作为主标记的补充,用于表明每一导线或线束的电气功能。

补充标记可根据需要采用如下各类标记方式:功能标记、相别标记和极性标记。

功能标记适用于分别表示每一导线的功能,如开关的闭合和断开、电流电压的测量等;也可表示几根导线的功能,如照明、信号、测量电路等。

相别标记可用于表明导线连接到交流系统的某一相。

极性标记可用于表明导线连接到直流电路的某一极。

表示相位、极性、接地等的补充标记符号见表2.10。

表 2.10　导线的相位、极性、接地补充标记符号

序　号	导线类别和名称		补充标记符号	备　注
1	交流系统电源线	1 相	L1	单相时可用 L、N
		2 相	L2	
		3 相	L3	
		中性线	N	
2	连接设备端子的电源线	1 相	U	
		2 相	V	
		3 相	W	
		中性线	N	
3	直流系统电源线	正	L+	
		负	L−	
		中间线	M	
4	保护接地线		PE	
5	不接地保护线		PU	
6	保护和接地共用线		PEN	
7	接地线		E	
8	无噪声接地线		TE	
9	接机壳或机架线		MM	
10	等电位线		CC	

为避免混淆,可用符号(如斜杠"/")将补充标记和主标记分开,如图2.33所示。

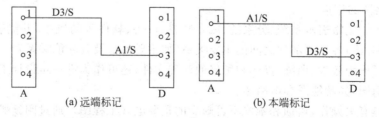

(a) 远端标记　　　(b) 本端标记

图 2.33　具有补充标记"S"的从属标记示例

第3章

基本电气图

本章将简要介绍几种基本电气图的绘制要求,包括功能性简图、接线图和接线表、控制系统功能表图的绘制以及电气位置图等。

3.1 功能性简图

3.1.1 概略图

1. 概略图特点、分类和用途

(1) 概略图的特点

① 概略图所描述的内容是系统的基本组成和主要特征,而不是全部组成和全部特征。

② 概略图对内容的描述是概略的,但其概略程度依据描述对象不同而不同。如描述一个较小的系统,熔断器、开关等设备元件就应该在图上表示出来。

③ 概略图虽然表示的是一个多线系统,但一般都采用单线表示法。

(2) 概略图的分类

主要采用方框符号的概略图称为框图。在电力工程中根据所表达的内容可分为电气测量控制保护框图、调度自动化系统框图等。

在地图上表示诸如发电站、变电站和电力线、电信设备和传输线之类的电网的概略图称为电力网络图或电信网络图。

非电过程控制系统的概略图,以反应过程流程的称为过程流程图,以反应控制系统的测量和控制功能的概略图称为热工过程检测和控制系统图。

(3) 概略图的用途

概略图用于概略表示系统、分系统、成套装置、设备、软件等的概貌,并能表示出各主要功能件之间和(或)各主要部件之间的主要关系(如主要特征及其功能关系)。

概略图可作为教学、训练、操作和维修的基础文件,还可作为进一步设计工作的依据,编制更详细的简图,如功能图和电路图。

概略图是有关操作、培训和维修不可缺少的重要电气工程图。通过阅读概略图,能帮助人们了解整个电气工程的规模及电气工程量的大小,概略了解整个系统的基本组成、相互关系和主要特征。同时,概略图也是作为电气运行中开关操作和电路切换的主要依据。因此,在主控室、配电室、调度室中,概略图是必备图纸之一。为方便运行人员模拟操作,有的还将概略图张贴在墙上,有的制成模拟板,或者编成计算软件随时调出使用。所以说,电力系统概略图是阅读电气技术文件的"引路人"。

2. 概略图绘制应遵循的基本原则和方法

（1）概略图可在不同层次上绘制，较高的层次描述总系统，而较低的层次描述系统中的分系统。

（2）概略图中的图形符号应按所有回路均不带电，设备在断开状态下绘制。

（3）概略图应采用图形符号或者带注释的框绘制。框内的注释可以采用符号、文字或同时采用符号与文字，见图3.1。

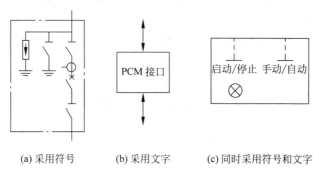

(a) 采用符号　　　　(b) 采用文字　　　(c) 同时采用符号和文字

图3.1　概略图框图内的注释

（4）概略图中的连线或导线的连接点可用小圆点表示，也可不用小圆点表示。但同一工程中宜统一采用一种表示形式。

（5）图形符号的比例应按模数M确定。符号的基本形状以及应用时相关的比例应保持一致。

（6）概略图中表示系统或分系统基本组成的符号和带注释的框均应标注项目代号，如图3.2所示。项目代号应标注在符号附近，当电路水平布置时，项目代号宜注在符号的上方；当电路垂直布置时，项目代号宜注在符号的左方。在任何情况下，项目代号都应水平排列。

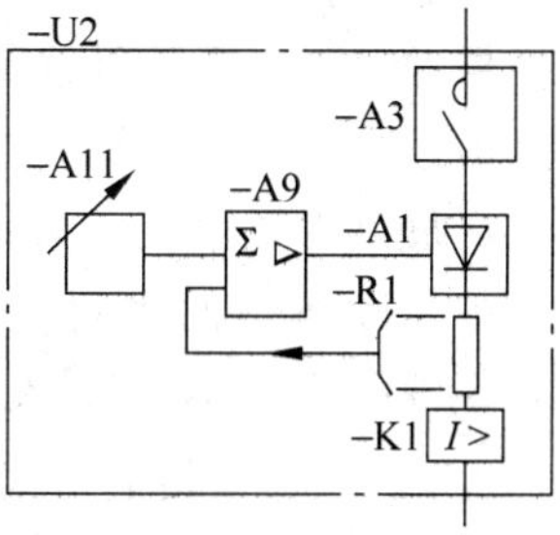

（7）概略图上可根据需要加注各种形式的注释和说明。如在连线上可标注信号名称、电平、频率、波形、去向等，也允许将上述内容集中表示在图的其他空白处，概略图中设备的技术数据应标注在图形符号的项目代号下方。

图3.2　概略图中项目代号标注示例

（8）概略图宜采用功能布局法布图，必要时也可按位置布局法布图，布局应清晰并利于识别过程和信息的流向。

（9）概略图中的连线的线型，可采用不同粗细的线型分别表示。

（10）概略图中的远景部分宜用虚线表示，对原有部分与本期工程部分应有明显的区分。

3.1.2　功能图

1. 功能图的基本特点和用途

（1）功能图的基本特点

用理论或理想的电路而不涉及实现方法来详细表示系统、分系统、成套装置、部件、设备、软件等功能的简图,称为功能图。

功能图的内容至少应包括必要的功能图形符号及其信号和主要控制通路连接线,还可以包括其他信息,如波形、公式和算法,但一般并不包括实体信息(如位置、实体项目和端子代号)和组装信息。

主要使用二进制逻辑元件符号的功能图,称为逻辑功能图。用于分析和计算电路特性或状态表示等效电路的功能图,也可称为等效电路图。等效电路图是为描述和分析系统详细的物理特性而专门绘制的一种特殊的功能图,它常常比描述系统总特性或描述实际实现所需内容更为详细。等效电路图不属于电路图,不是电路图的一种。

(2) 功能图的用途

功能图应表示系统、分系统、成套装置、部件、设备、软件等功能特性的细节,但不考虑功能是如何实现的。功能图可用于系统或分系统的设计,或者用以说明工作原理,例如,用作教学或训练。

功能图可以用来描述任何一种系统或分系统,且经常用于:①反馈控制系统;②继电器逻辑系统;③二进制逻辑系统。

2. 逻辑功能图绘制的基本原则和方法

按照规定,对实现一定目的的每种组件,或几个组件组成的组合件可绘制一份逻辑功能图(可以包括几张)。因此,每份逻辑功能图表示每种组件或几个组件组成的组合件所形成的功能件的逻辑功能,而不涉及实现方法。

图的布局应有助于对逻辑功能图的理解,应使信息的基本流向为从左到右或从上到下。在信息流向不明显的地方,可在载信息的线上加一箭头(开口箭头)标记。

功能上相关的图形符号应组合在一起,并应尽量靠近。当一个信号输出给多个单元时,可绘成单根直线,通过适当标记以 T 型连接到各个单元。每个逻辑单元一般以最能描述该单元在系统中实际执行的逻辑功能的符号来表示,如图 3.3 所示,"GRES"(总复位)信号输给两个单元,采用了 T 形连接的形式。

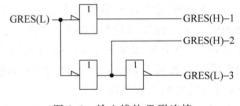

图 3.3　输入线的 T 形连接

在逻辑图上,各单元之间的连线以及单元的输入、输出线,通常应标出信号名,以助于对图的理解和对逻辑系统的维护使用。

信号名应具有一定意义而且含义明确,信号名的长度应限制在图上分配给它的允许范围之内。不同的信号线不论其功能多么相似,都不应使用同一名称。信号名应尽量采用助记符和标准编写字母。

3.1.3　电路图

1. 电路图的基本特点和主要用途

(1) 电路图的基本特点

用图形符号并按工作顺序排列,详细表示系统、分系统、电路、设备或成套装置的全部基本组成和连接关系,而不考虑其组成项目的实体尺寸、形状或实际位置的一种简图,称为电路图。

（2）电路图的主要用途

电路图的主要用途有如下几种。

① 详细理解电路、设备或成套装置及其组成部分的工作原理。

② 了解电路所起的作用(可能还需要如表图、表格、程序文件、其他简图等补充资料)。

③ 作为编制接线图的依据(可能还需要结构设计资料)。

④ 为测试和寻找故障提供信息(可能还需要诸如手册、接线文件等补充文件)。

⑤ 为系统、分系统、电器、部件、设备、软件等安装和维修提供依据。

（3）电路图的分类

按电路图所描述的对象和表示的工作原理可分为以下几类。

① 反映由电子器件组成的设备或装置的工作原理的电子电路图。电子电路图又可分为电力电子电路图和无触点电子电路图。

② 反映二次设备、装置和系统(如继电保护、电气测量、信号、自动控制等)工作原理的图,通常俗称为"二次结线图"。

③ 对电动机及其他用电设备的供电和运行方式进行控制的电气原理图,俗称为电气控制结线图。(这类图实质也是二次结线,但又不限于一般的二次结线,往往还将被控制设备的供电一次结线画在一起,因此可以说控制结线图是一次、二次合二并一的综合性简图。)

④ 表示电信交换和电信布置的电路图。

⑤ 表示出某功能单元所有的外接端子和内部功能的电路图,称为端子功能图,端子功能图可以提高清晰度、节省地方和缩小图纸幅面。

⑥ 指导照明,动力工程施工、维护和管理的建筑电气照明动力工程图,也是电路图的一种,也可归类为布置图。

（4）电路图的内容

电路图应包括下列主要内容。

① 表示电路元件或功能部件的图形符号。

② 表示符号之间的连接关系。

③ 表示项目代号。

④ 表示端子标记和特定导线标记。

⑤ 表示用于逻辑信号的电平约定。

⑥ 表示为追踪路径或电路的信息(信号代号和位置检索标记等)。

⑦ 表示为理解功能部件的辅助信息。

控制系统电路图还应给出相应的一次回路,一次回路可采用单线表示法。在某些情况下,如表示测量互感器的连接关系时,也可采用多线表示法。

电路图中二次回路宜用细实线表示,一次回路可用粗实线表示。

2. 电路图绘制的基本原则和方法

（1）电路图绘制的基本原则

① 电路图中的符号和电路宜按功能关系布局。电路垂直布置时,类似项目宜横向对齐；水平布置时,类似项目宜纵向对齐。功能上相关的项目应靠近绘制,同等重要的并联通

路应依主电路对称地布置,如图 3.4 所示。

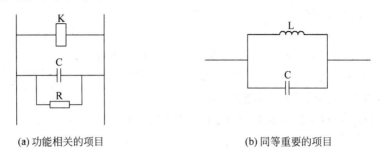

(a) 功能相关的项目　　　　　　　　　　(b) 同等重要的项目

图 3.4　电路项目布局示例

② 信号流的主要方向应由左至右或由上至下。如不能明确表示某个信号流动方向时,可在连接线上加箭头表示。

③ 电路图中回路的连接点可用小圆点表示,也可不用小圆点表示,但在同一张图样中应采用一种表示形式。

④ 图中由多个元器件组成的功能单元或功能组件,必要时可用点划线框出。

⑤ 图中不属于该图共用高层代号范围内的设备,可用点划线或双点划线框出,并加以说明。

⑥ 图中设备的未使用部分,可绘出或注明。

(2) 电路图绘制中电源的表示方法

① 用线条表示电源,同时在电源线上用符号标明电源线的性质(+、-、M、L1、L2、L3、N),如图 3.5(a)、图 3.5(b)、图 3.5(c)所示。电源线可绘制在电路的上、下两侧或左、右两侧,也可绘在电路的一侧。

② 用电源符号和电源电压值表示电源,如图 3.5(f)所示。

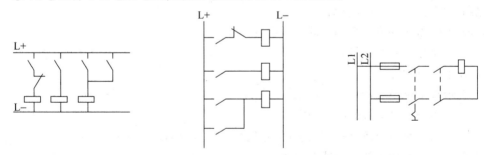

(a) 电源线绘制在电路的上、下两侧　(b) 电源线绘制在电路的左、右两侧　(c) 电源线绘制在电路的一侧

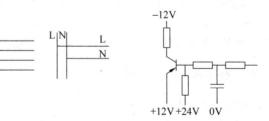

(d) 连接到方框的电源线绘制　　　(e) 用线条和符号表示的电源　　(f) 用电源符号和电源电压值表示电源

图 3.5　电源的表示方法示例

（3）图中位置的表示方法

图中位置的表示方法一般有三种。

① 图幅分区法。图幅分区法的基本方法是用行、列或行列组合标记表明图上的位置。在采用图幅分区法的电路图中，对水平布置的电路，一般只需标明"行"的标记，对垂直布置的电路，一般只需标明"列"的标记，复杂的电路图才需标明组合标记。图上的位置标记举例见图3.6。

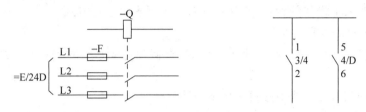

图3.6 图幅分区法表示图上位置示例

② 电路编号法。电路编号法对电路或分支电路可用数字编号来表示其位置，数字编号时应按自左至右或自上至下的顺序。例如，图3.7有4个支路，在各支路的下方按顺序标有电路编号1、2、3、4。图3.7下方的表3.1是用来表示各继电器触点的位置的，表格中上部第一栏用图形符号表示触点，表格中的"--"表示未使用的触点，数字表示该触点在该数字编号的支路，如继电器K1的动合触点（常开触点）一栏内，标为"2"，则表示该触点在第2支路内，各触点位置也可用表3.1表示。

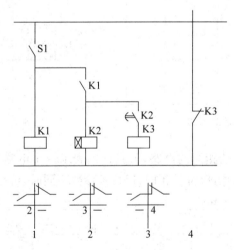

图3.7 电路编号法示例

表3.1 触点位置的表示

名　　称	代　　号	触点所在支路	
		动合触点	动断触点
继电器	K1	2	--
继电器	K2(有延时功能)	3	--
继电器	K3	--	4

③ 表格法。表格法就是在图的边缘部分绘制一个以项目代号分类的表格,表格中的项目代号和图中相应的图形符号在垂直或水平方向对齐,图形符号旁仍需标注项目代号。如图3.8所示,表格中的各项目与图上各项目(C、R、V、K)一一对应,表中的项目能较方便地从图上找到。

(4)触点的表示方法

继电器和接触器的触点符号的动作取向应是一致的。

对非电或非人工操作的触点,必须在其触点附近表明运行方式。

(5)相似项目的表示方法

电路图中相似项目的排列,当垂直绘制时,类似元件应水平对齐;水平绘制时,类似元件应垂直对齐。

电路图中的相似元件或电路可采用下列简化画法。

① 两个及两个以上分支电路,可表示成一个分支电路加复接符号,见图3.9;

电容器	C1	C2	C3
电阻器	R1	R2	R3R4
半导体管		V1	

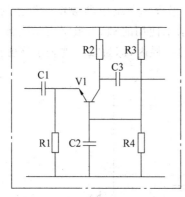

图3.8　表格法示例

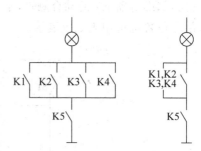

图3.9　相似分支简化法

② 两个及两个以上完全相同的电路,可只详细表示一个电路,其他电路用框加说明表示,见图3.10。如果电路的图形符号相同,但技术参数不同时,可另列表说明其不同内容。

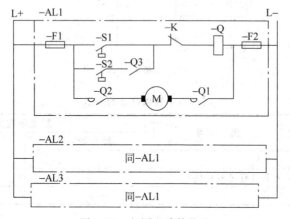

图3.10　相同电路简化法

3.2 接线图和接线表

3.2.1 接线图和接线表的特点、分类和表示方法

1. 接线图和接线表的特点

接线图是表示成套装置、设备或装置的连接关系的一种简图,接线表用表格的形式表示这种连接关系。接线图和接线表可以单独使用,也可以组合使用,一般以接线图为主,接线表给予补充。

接线图和接线表主要用于安装接线、线路检查、线路维修和故障处理。

2. 接线图和接线表的分类

接线图和接线表根据所表达内容的特点可分为单元接线图和单元接线表、互连接线图和互连接线表、端子接线图和端子接线表、电缆图和电缆表。

3. 接线图和接线表的表示方法

(1) 项目的表示方法。接线图中的各个项目(如元件、器件、部件、组件、成套设备等)宜采用简化外形(如正方形、矩形或圆)表示,必要时也可用图形符号表示。符号旁要标注项目代号并应与电路图中的标注一致。项目的有关机械特征仅在需要时画出。

(2) 端子的表示方法。设备的引出端子应表示清晰,端子一般用图形符号和端子代号表示。当用简化外形表示端子所在的项目时,可不画端子符号,仅用端子代号表示。如需区分允许拆卸和不允许拆卸的连接时,则必须在图或表中予以注明。

(3) 导线的表示方法。导线在单元接线图和互连接线图中的表示方法有如下两种。

① 连续线——两端子之间的连接导线用连续的线条表示,并独立标记,如图 3.11(a)所示。

② 中断线——两端子之间导线的连接导线用中断的方式表示,在中断处必须标明导线的去向,如图 3.11(b)所示。

导线组、电缆、缆形线束等可用多线条表示,也可用单线条表示。若用单线条表示,线条应加粗,在不致引起误解的情况下也可部分加粗。当一个单元或成套设备包括几个导线组、电缆、缆形线束时,它们之间的区分标记可采用数字或文字。图 3.11(c)中的两导线组全部加粗,用 A 和 B 区分,图 3.11(d)中两导线组部分加粗,用数字 106 和 109 表示。

接线图中的导线一般应给以标记,必要时也可用色标作为其补充或代替导线标记。如图 3.11(c)中的导线组 B 含有黑色线(BK)1 根,红色线(RD)2 根,蓝色线(BU)1 根。

(4) 矩阵形式

矩阵形式是一种特殊的接线图布局形式,如果在小幅面内表示出大量的连接,例如装有印制电路板的机柜或部件的连接,可采用矩阵布局的形式。

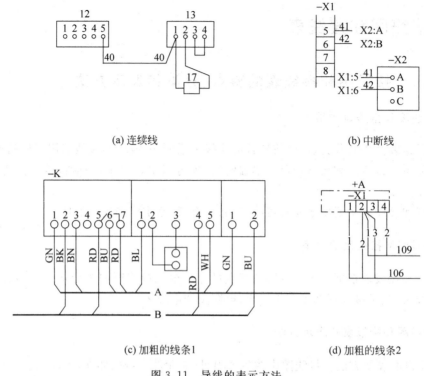

(a) 连续线   (b) 中断线

(c) 加粗的线条1   (d) 加粗的线条2

图 3.11   导线的表示方法

3.2.2   单元接线图和单元接线表

单元接线图和单元接线表应提供一个结构单元或单元组内部连接所需的全部信息。单元之间外部连接的信息无需包括在内,但可提供互连接线图和互连接线表的检索标记。

1. 单元接线图

(1) 单元接线图的布局应采用位置布局法,无需按比例。

(2) 单元接线图中元件符号的排列,应选择能最清晰地表示出各个元件的端子和连接的视图。元件应采用简单的轮廓如正方形、矩形或圆形表示,或用简化图形表示,也可采用GB4728 中规定的图形符号。

(3) 当一个视图不能清楚地表示出多面布线时,可用多个视图。

(4) 元件叠成几层时,为了便于识图,在图中可用翻转、旋转或移开的方法表示出这些元件,并加以说明。

(5) 当项目具有多层端子时,可错动或延伸绘出被遮盖的部分的视图,并加注说明各层接线关系。

2. 单元接线表

单元接线表一般包括线缆号,导线的型号、规格、长度、连接点号、所属项目的代号和其他说明等内容。

单元接线表可以代替接线图,但一般只是作为接线图的补充和表格化的归纳。

3．单元接线图示例

图 3.12 为采用连续线表示的单元接线图示例。

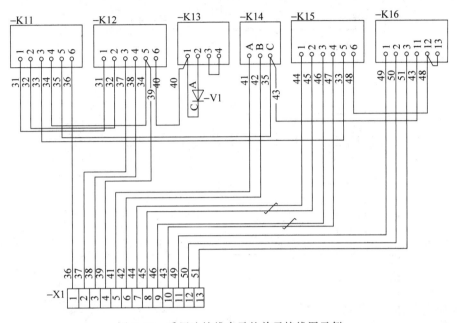

图 3.12　采用连续线表示的单元接线图示例

3.2.3　互连接线图和互连接线表

互连接线图和互连接线表应提供设备或装置不同结构单元之间连接所需信息。无需包括单元内部连接的信息,但可提供适当的检索标记。如:与之有关的电路图或单元接线图的图号。

1．互连接线图

互连接线图的各个视图应画在一个平面上,以表示单元之间的连接关系,各单元的框用点划线表示。各单元间的连接关系既可用连续线表示,也可用中断线表示,如图 3.13 所示。

2．互连接线表

互连接线表应包括线缆号、线号、线缆的型号和规格、连接点号、项目代号、端子号及其说明等。表 3.2 是一个互连接线表的示例。

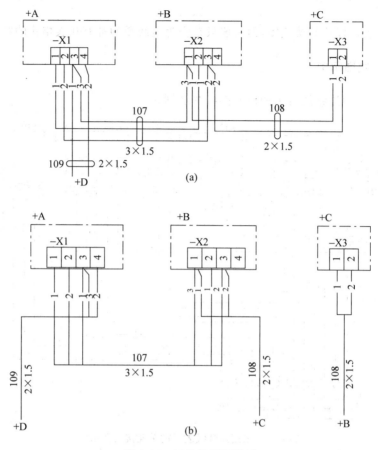

图 3.13 互连接线图示例

表 3.2 互连接线表

线号		线缆型号规格	连接点 I			连接点 II			附注
			项目代号	端子号	备注	项目代号	端子号	备注	
107	1		+A－X1	1		+B－X2	2		
	2		+A－X1	2		+B－X2	3	108.2	
	3		+A－X1	3	109.1	+B－X2	1	108.2	
108	1		+B－X2	1	107.3	+C－X3	1		
	2		+B－X2	3	107.2	+C－X3	2		
109	1		+A－X1	3	107.3	+D			
	2		+A－X1	4		+D			

3.2.4 端子接线图和端子接线表

端子接线图和端子接线表表示单元和设备的端子及其与外部导线的连接关系,通常不包括单元或设备的内部连接,但可提供与之有关的图纸图号。

1. 端子接线图

绘制端子接线图应遵守下列规定。

① 端子接线图的视图应与端子排接线面板的视图一致,各端子应按其相对位置表示。

② 端子排的一侧标明至外部设备的远端标记或回路编号,另一侧标明至单元内部连线的远端标记。

③ 端子的引出线应标出线缆号、线号和线缆的去向。

2. 端子接线表

端子接线表一般包括线缆号、线号、端子代号等内容,在端子接线表内电缆应按单元(例如柜和屏)集中填写。

3. 端子接线网格表

端子接线表可采用网格形式,端子接线网格表一般包括项目代号、线缆号、线号、缆芯数、端子号及其说明等内容。连接点信息在表中按网格布置,每个结构单元的端子代号按水平方向顺序排列,与端子连接的电缆代号、芯线数及具体连接关系和连接线的远端标记依次垂直列出。每个芯线的代号与其连接的端子号垂直对正排列,备用芯线标在同一行的最后一栏,端子接线网格表的一般格式见表3.3。

表 3.3　有远端标记的端子接线网格表

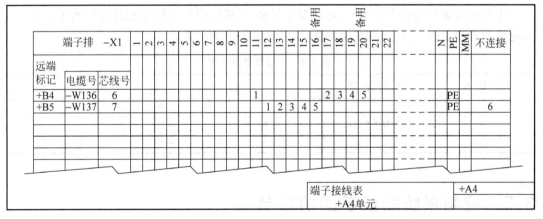

3.2.5 电缆配置图和电缆配置表

电缆图和电缆表应提供设备或装置的结构单元之间敷设电缆所需的全部信息,一般只示出电缆的种类,也可表示线缆的路径情况,它是计划敷设电缆工程的基本依据。单缆组可用单线法表示,并加注电缆项目代号,它用于电缆安装时给出安装用的其他有关资料,导线的详细资料由端子接线图提供。

1. 电缆配置图

电缆配置图只表示电缆的配置情况,而不表示电缆两端的连接情况,因此,电缆配置图比互连接线图简单,或者说,电缆配置图与端子接线图两者的综合就是互连接线图。图 3.14 是电缆配置图的一个例子,图 3.14(a)各单元用实线框表示,且只表示出了各单元之间所配置的电缆,并未表示电缆和各单元连接的详细情况。有时,这种电缆配置图还可以采用更简单的单线法绘制,只在线缆符号上标注线缆号,如图 3.14(b)所示。

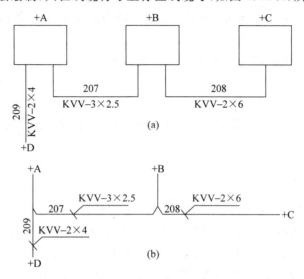

图 3.14　电缆配置图

2. 电缆配置表

电缆配置表应包括电缆编号、电缆型号规格、连接点的项目代号和其他说明等。表 3.4 是电缆配置表示例,它所表达的是与图 3.14 完全相同的装置。

表 3.4　电缆配置表示例

电缆号	电缆型号	连接点		附　注
207	KVV−3×2.5	+A	+B	
208	KVV−2×6	+B	+C	
209	KVV−2×4	+A	+D	见图 0014

3.3　控制系统功能表图的绘制

3.3.1　控制系统功能表图简述

控制系统功能表图是用于控制系统的作用和状态的一种表图。

1. 功能表图的作用

功能表图是用规定的图形符号和文字叙述相结合的表达方法,全面、详细描述控制系统(电气控制系统或非电控制系统,如气动、液压和机械的)子系统或系统的某些部分(装置和设备)等的控制过程、应用功能和特性,但不包括功能实现方式的电气图。功能表图可供进一步设计和不同专业人员之间的技术交流使用。

2. 功能表图的分类及组成

通常一个控制系统可以分为两个相互依赖的部分,即被控系统和施控系统。其中,被控系统为包括执行实际过程的操作设备,施控系统为接收来自操作者、过程等的信息并给被控系统发出命令的设备。

功能表图可分为被控系统功能表图、施控系统功能表图及整个控制系统功能表图三类。

被控系统功能表图的输入由施控系统的输出命令和输入过程流程的(变化的)参数组成。输出包括送至施控系统的反馈信息和在过程流程中执行的使之具有其他(理想的)特性的动作。被控系统功能表图描述了操作设备的功能,说明它接收什么命令,产生什么信息和动作,它由过程设计者绘制,可用做操作设备详细设计的基础,还可用于绘制施控系统功能表图。

施控系统功能表图的输入由来自操作者和可能存在的前级施控系统的命令加上被控系统的反馈信息组成。输出包括送往操作者和前级施控系统的反馈信号和对被控系统发出的命令。施控系统功能表图描述了控制设备的功能,表明它将得到什么信息,发出什么命令和其他信息。施控系统功能表图可由设计者根据其对过程的了解来绘制(例如根据对上述被控系统功能表图),并用作详细设计控制设备的基础。在大部分情况下,施控系统功能表图最常用,尤其对独立系统更为有用。

整个系统功能表图的输入由来自前级施控系统和操作者的命令以及(变化的)输入过程流程的参数组成。输出则包括送至前级施控系统及操作者的反馈信息以及由过程流程所执行的动作。这个功能表图不给出被控系统和施控系统之间相互作用的内部细节,而是把控制系统作为一个整体来描述。

3.3.2　功能表图的一般规定和表示方法

功能表图主要采用"步"、"命令"或"动作"、"转换"、"有向连线"等一组特定的图形符号和必要的文字说明来表示的,图的构成十分简单。常见的图形符号见表3.5。

表 3.5　功能表图常用基本图形符号

序号	名　称	图形符号	说　明
1	步	┌─┐ │ * │ └─┘	步,一般符号,"＊"表示步的编号 注:①矩形的长宽比是任意的,推荐采用正方形 ②为了便于识别,步必须加标注,如用字母、数字。一般符号上部中央的星号在具体步中应用规定的标号代替
		┌─┐ │ 2 │ └─┘	例:步2
		┌─┐ │ 3 │ │ • │ └─┘	例:步3,标明它是活动的

续表

序号	名　称	图形符号	说　明
2	初始步	*	初始步,"＊"表示步的编号
		1	例:初始步1
3	命令或动作	* ── 命令或动作	与步相连的公共命令或动作,一般符号 注:矩形中的文字语句或符号语句规定了当相应的步是活动时,由施控系统发出的命令或由被控系统执行的动作
4	转换	--- 连线　步到转换 ─× --- 连线　转换到步	带有有向连线及相关转换条件的转换符号 注:星号"＊"必须用相关转换条件说明代替,例如用文字、布尔表达式或用图形符号
5	有向连线	↑ ←	有向连线,从上往下进展 有向连线,从下向上进展(应加箭头) 有向连线,从左往右进展 有向连线,从右往左进展(应加箭头)

在绘制功能表图时,应避免在表图中出现以下两种结构。

(1) 不安全结构,在此结构中,出现由并行序列开始而由选择序列结束的情况,已处于活动状态的步再次被激活。

(2) 不可达结构,在此结构中,出现由选择序列开始而由并行序列结束的情况,因而可能使某个转换永远处于非使能。

3.3.3　功能表图示例

图 3.15 为高压绕线转子感应电动机操作过程的一般性描述。

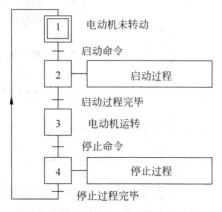

图 3.15　高压绕线转子感应电动机操作过程的一般性描述

图 3.16 为高压绕线转子感应电动机启动过程的详细表示。

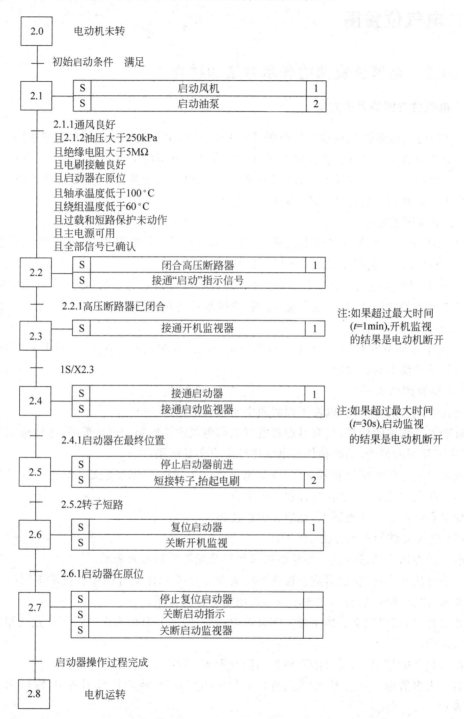

图 3.16 高压绕线转子感应电动机启动过程的详细表示

3.4 电气位置图

3.4.1 电气位置图的表示方法和种类

1. 电气位置图的表示方法

大多数电气位置图是在建筑平面图基础上绘制的,这种建筑平面图称为基本图,位置图是在一定范围内表示电气设备位置的图,因此,电气位置图的绘制必须是在有关部门提供的地形地貌图、总平面图、建筑平面图、设备外形尺寸图等原始基础资料图上设计和绘制的。这些表达原始基础资料信息的图,通常称为基本图。

(1) 基本图的特点

① 基本图一般由非电气技术人员,如建筑师、土木工程师提供,虽然比专业建筑图简单,但必须符合技术制图和建筑制图的一般规则。

② 基本图是为电气位置图服务的,它必须根据电气专业的要求,提供尽可能多的与电气安装专业相关的信息,如非电设施(通风、给排水设备)、建筑结构件(梁、柱、墙、门、窗等)、用具、装饰件等项目信息。

③ 为了突出电气布置,基本图尽可能应用一些改善对比度的方法,如对于基本细节,采用浅墨色或其他不同的颜色。

(2) 位置图的布局

位置图的布局应清晰,以便于理解图中所包含的信息。

对于非电物件的信息,只有对理解电气图和电气设施安装十分重要时,才将他们表示出来,但为了使图面清晰,非电物件和电气物件应有明显区别。

应选择适当的比例尺和表示法,以避免图面过于拥挤。书写的文字信息应置于与其他信息不相冲突的地方,例如在主标题栏的上方。

如果有的信息在其他图上,也应在图中注出。

(3) 电气元件的表示方法

电气元件通常用表示其主要轮廓的简化形状或图形符号来表示。

安装方法和方向、位置等应在位置图中表明。如果元件中有的项目要求不同的安装方法或方向、位置,则可以在邻近图形符号处用字母特别标明。

如有必要,可以定义其他字母。字母可以组合使用,并且应在图的适当位置或相关文件中加以说明。

在较复杂的情况下,需要绘制单独的概念图解(小图)。

对于大多数电气位置图,如果没有标准化的图形符号,或者符号不适用,则可用其简化外形表示。

(4) 连接线、路由的表示方法

连接线一般采用单线表示法绘制。只有当需要表明复杂连接的细节时才采用多线表示法。

连接线应明显区别于表示地貌、结构和建筑内容用线。例如可采用不同的线宽和不同墨色,以区别基本图上的图线,也可以采用画剖面线或阴影线的方法。

当平行线太多使图过于拥挤时,应采用简化方法,例如画成线束,或采用中断连接线。

(5) 检索代号的应用

如果需要应用项目代号系统(主要对复杂设施而言),应在图中或简图中的每个图形符号旁标注检索代号。

(6) 技术数据的表示方法

各个元件的技术数据(额定值)通常应在元件明细表中列出,但有的时候,为了清晰或者为了与其他多数项目相区别,也可把特征值标注在图形符号或项目代号旁,如图 3.17 所示。

图 3.17 技术数据的标注示例

2. 电气位置图的种类

电气位置图是描述电气设备位置布局的一种图。主要提供电气设备安装、接线、零部件加工制造等所需的设备位置、距离、尺寸、固定方法、线缆路由、接地等安装信息。

电气位置图通常包括三个层次:室外场地设备位置图、室内场地设备位置图、装置内元器件布置图,如图 3.18 所示。

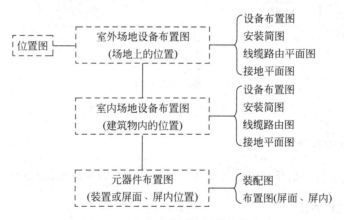

图 3.18 位置图的层次划分及分类

3.4.2 室外场地电气设备配置位置图

1. 室外设备布置图

室外场地电气设备配置位置图是在建筑总平面图的基础上绘制出来的,它概要地表示建筑物外部的电气装置(户外照明、街道照明、交通管制项目、TV 监控设备等)的布置,对各类建筑物只用外轮廓线绘制的图形表示,如图 3.19 所示。

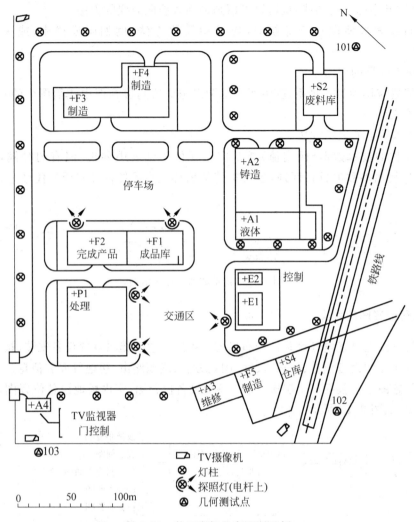

图 3.19　某工厂场地布置图示例

2. 室外场地安装简图

室外场地安装简图是补充了电气部件之间连接信息的安装图,如图 3.20 所示。

3. 室外电缆路由图

电缆路由图大多数是以总平面图为基础的一种位置图,在该图中标示了电缆沟、槽、导管线槽、固定件等和(或)实际电缆或电缆束的位置,如图 3.21 所示。

电缆路由图应限于只表示电缆路径,以及必要时为支持电缆铺设和固定所安装的辅助器材。

如有必要,可在电缆路由图上补充上面提及的各个项目的编号。若未标示出尺寸,应把尺寸连同相关零件的编号或电缆表一起补充。

为了准确地说明路径,按每根电缆的计算长度和电缆附件的规定,可给各个基准点以编码。

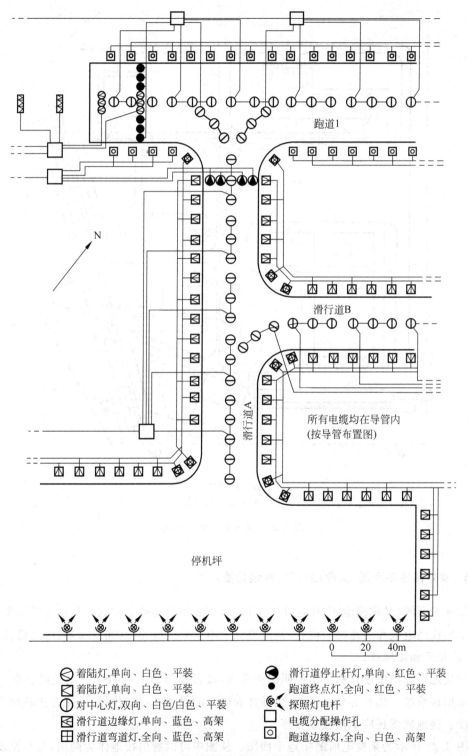

图 3.20 某小型机场场地安装简图示例

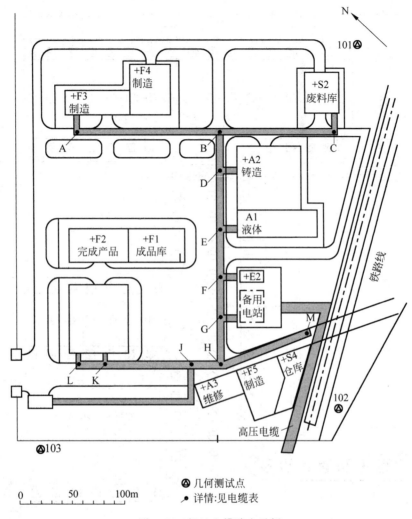

图 3.21　场地电缆路由示例

4．室外接地平面图（又称接地图、接地简图）

接地平面图（又称接地图、接地简图）可在总平面图的基础上绘制。在接地平面图（接地应标示出接地电极和接地网的位置）同时要标示出重要接地元件（如变压器、电动机、断路器等）的脱扣环和接地点。

在接地平面图中还可标示出照明保护系统，或者在单独的照明保护图或照明保护简图中标示出该系统。如有必要，应标示出导体和电极的尺寸和（或）代号、连接方法和埋入或掘进深度。接地简图还应示出接地导体。

图 3.22 所示为某变电所的接地平面图。从图中可以看出接地体为两组，每组接地体都有三根 50mm×50mm×5mm 镀锌角钢作为垂直接地体，长度为 2.5m。水平接地体为 40mm×4mm 镀锌扁钢。接地干线为 40mm×4mm 镀锌扁钢，接地支线为 25mm×4mm 镀

锌扁钢。接地支线与高低压配电柜的槽钢支架及变压器的轨道相连接组成一个接地网,整个变电所的接地系统的接地电阻要求不大于 4Ω。

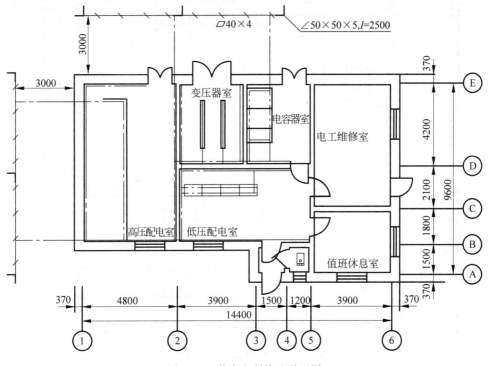

图 3.22 某变电所接地平面图

3.4.3 室内电气设备配置位置图

1. 室内设备布置图

设备布置图的基础是建筑物图,电气设备的元件应采用图形符号或采用简化外形来表示,图形符号应标示出元件的大概位置。

布置图不必表示出元件间连接关系的信息,但表示出设备之间的实际距离和尺寸等详细信息是必要的。有时,还可补充详图或说明,以及有关设备识别的信息和代号。

如果没有室外场地布置图,建筑物外面的设施一般也尽可能标示于此布置图中。

图 3.23 是某控制室内设备布置图的例子,它标示出了建筑物内一个安装层上的控制屏和辅助机框,并给出了距离和尺寸。

图中示出的控制屏有 W1、W2、W3 和 WM1、WM2,辅助机柜有 WX1、WX2。屏柜安装时,通过设备升降机搬运。

图 3.23 中,支承结构必需的信息没有示出,可在另外的图中补充。

2. 室内设备安装简图

安装简图是同时标示出元件位置及其连接关系的布置图。

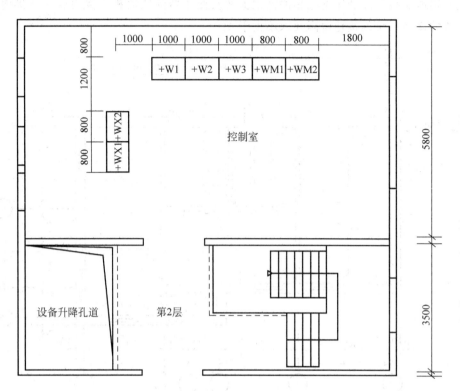

图 3.23   某控制室内设备布置图

在安装简图中,必须标示出连接线的实际位置、路径、敷设线管等,有时还应标示出设备和元件以何种顺序连接的具体情况。

图 3.24 是某 10kV 室内变电所设备布置图。图 3.24 中的两台 10kV 变压器(TM1、TM2,位于位置代号为＋103、＋106 的房间)、9 台高压配电柜(位于＋101)、10 台低压配电柜(位于＋102),以及操作台 AC、模拟显示板 AS(位于＋104)的平面布置位置图。

3. 室内电缆路由图

电缆路由图是以建筑物图为基础标示出电缆沟、导管、固定件等和实际电缆、电缆束的位置的图。

对复杂的电缆设施,为了有助于电缆铺设工作,必要时应补充上面提到的项目的代号。如果尺寸未标注,则应把尺寸连同元件表中的代号一起补充。

图 3.25 是医院一部分电缆路由图的例子。电缆沟与主要医疗部件的简化外形一起示出,以提供清晰的关系。阴影线的使用使电缆沟更易于与图中的其他部分相区别。

图 3.25 中,电缆路由是:电缆经电源开关 Q1(高出地面 1.7m)沿电缆槽分别引至各医疗设备 G1、G2、G3 和门柱灯 DP 等。

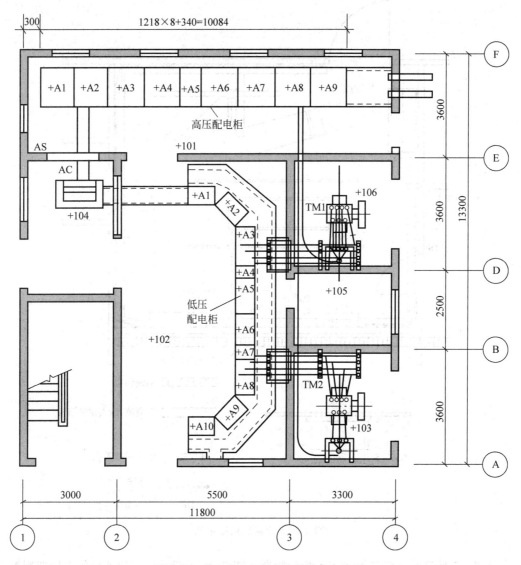

图 3.24　某 10kV 室内变电所设备布置图

4．室内接地图

接地图(接地简图)是在建筑物图或其他建筑图的基础上绘制出来的,它应只包括一个接地系统。

在接地图上,应标示出接地电极和接地排以及主要接地设备和元件(如变压器、电动机、断路器、开关柜等)的位置。

接地图还应标示出接地导体及其连接关系。

必要时,应标示出有关的尺寸、接地线和接地体的代号、连接方法和铺设并固定导体的信息以及电极的安装方法。

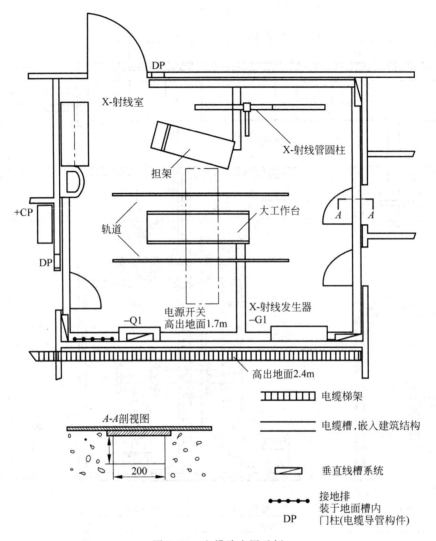

图 3.25   电缆路由图示例

图 3.26 是建筑物内某控制室的接地简图。图 3.26 中标示出了接地导体沿墙四周铺设的位置和接地导体的型号（16mm² 绞合铜线）以及与各控制机柜（WC、WX）的连接位置和方法（压接）等连接信息，还标示出了接地线至相邻两层（地下室和第 2 层）的连接位置和连接方式等信息。

3.4.4   装置和设备内电气元器件配置位置图

1. 电气装配图

装配图是表示电气装置、设备及其组成部分的连接和装配关系的位置图。

装配图一般按比例绘制，也可按轴侧投影法、透视法或类似的方法绘制。

装配图应标示出所装零件的形状、零件与其被设定位置之间的关系和零件的识别标记。

如装配工作需要专用工具或材料，应在图上标示出或列出，或加注释。

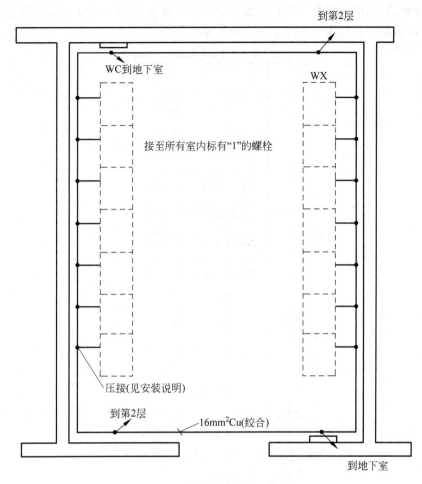

图 3.26　某控制室的接地简图

2. 电气布置图

最常见的电气布置图是各种配电屏、控制屏、继电器屏、电气装置的屏面或屏内设备和元件的布置图。在布置图上,通常以简化外形或其他补充图形符号的形式,标示出设备上或某项目上一个装置中的项目和元件的位置,还应包括设备的识别和代号的信息。

常见的屏面布置图一般具有以下特点。

(1)屏面布置的项目通常用实线绘制的正方形、长方形、圆形等框形符号或简化外形符号表示。为便于识别,个别项目也可采用一般符号。

(2)符号的大小及其间距尽可能按比例绘制,但某些较小的符号允许适当放大。

(3)符号内或符号旁可以标注与电路图中相对应的文字代号,如仪表符号内标注"A"、"V"等代号,继电器符号内标注"KA"、"KV"等。

(4)屏面上的各种二次设备,通常是从上至下依次布置指示仪表、继电器、信号灯、光字牌、按钮、控制开关和必要的模拟线路。

图 3.27 是一较典型的二次屏面布置图,图中按项目的相对位置布置了各项目。各项目

一般采用方框符号,但信号灯、按钮、连接片采用了一般符号,项目的大小没有完全按实际尺寸画出,但项目的中心间距则标注了严格的尺寸。

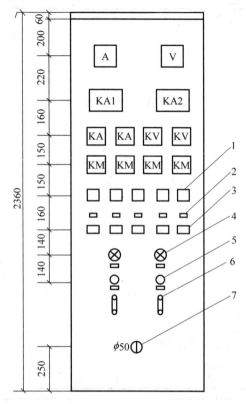

图 3.27　屏面布置图示例(变压器保护屏)

1—信号继电器　2—标签框　3—光字牌　4—信号灯
5—按钮　6—连接片　7—穿线孔
KA—电流继电器　KV—电压继电器　KM—中间继电器

这个图主要表示了以下内容。

(1) 屏顶上方附加的 60mm 钢板,用于标写该屏的名称,如"变压器保护屏"。

(2) 仪表、继电器等框形符号内标注了项目代号,如"A"、"V"、"KAI"等,一些项目的框形尺寸较小,采用引出线表示。

(3) 光字牌、信号灯、按钮等外形尺寸较小的项目,采用比其他项目较大的比例绘制,但符号必须标注清楚。光字牌内的标字不在图面上表示,而用另外的表格标注,该屏 4 个光字牌的标字如表 3.6 所示。

表 3.6　光字牌上标字示例

符　号	标　　字	编　　号	备　　注
HE1	10kV 线路接地	1	参考图 E08
HE2	变压器稳升过高	2	
HE3	掉牌未复归	3	
HE4	自动重合闸	4	参考图 E112

（4）需要特别指明的信号灯、掉牌信号继电器、操作按钮、转换开关等符号的下方设有标签框，以此向操作、维修人员提示该元件的功能，以免发生误操作或其他错误。由于标签框很小，图上只标注数字，标签框内的标字另用表格表示，其式样见表3.7。

表 3.7 标签框内标字式样

符 号	标 字	编 号	备 注
HA	蜂鸣器试验	1	参考图 E04
S1	合主开关	2	参考图 E101
S2	断主开关	3	

第4章 印制板电气图

印制板又称印刷电路板,是用照相的方法将电路图案复印在覆铜板上,然后进行蚀制,腐蚀掉线路外的铜箔,留下有线图形部分的铜箔,作为导线和安装元件的连接点。在印制板上装入电气元件并经焊接、涂覆,就形成了印刷板装配板,用来指导印刷板加工、制作和焊接。印制电路技术的产生和采用,增强了电气设备的可靠性、抗冲击性和互换性,使其易于标准化、自动化的批量生产。

印制板电气图实际上是在原理电路图的基础上绘制出的位置图和接线图,印制板电气图近似按正投影法绘制。在印制板图上通常应包括元件布置、导电连接图形、尺寸数据、技术要求等。按照用途的不同,印制板图分为印制板零件图和印制板装配图两大类,并采用正投影法和符号法结合表达。零件图主要表示作为零件使用的某一印制板的电气元件的布置和接线,表示导电图形、结构要素、标记符号、技术要求和有关说明等。装配图主要表示印制板的元、器件、结构件等与印制板的联结关系和装配关系。

4.1 印制板电气图的种类及其特点

按照用途的不同,印制板主要分为印制板零件图和印制板装配图两大类。零件图主要表示作为零件使用的某一印制板的电气元件的布置和接线,装配图表示印制板的装配关系。

印制板电气图具有以下特点。

(1) 印制板电气图实际上是在原理电路图的基础上绘制出的位置图和接线图,它真实地表示了元件的布置、连接和装配等安装信息,但所包含的信息又比一般位置图和连接图更详细、更实用、更可实现。

(2) 印制板电气图近似按正投影法绘制,元件的相对位置、尺寸关系与实物具有比较严格的对应关系,但其中的元件外形并不采用实物图形,往往用符号或代号表示,所以,印制板电气图是投影和符号法绘制的简图。

印制板电气图如图 4.1 所示。

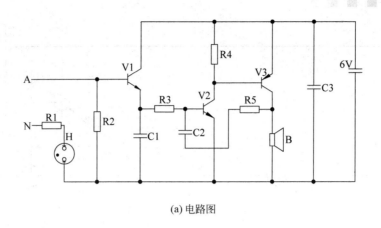

(a) 电路图

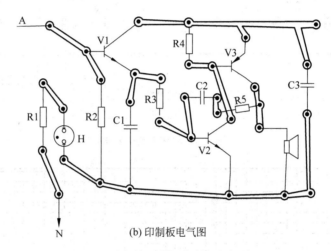

(b) 印制板电气图

图 4.1 某触摸报警器印制板电气图

4.2 印制板零件图

印制板零件图是表示导电图形、结构要素、标记符号、技术要求和有关说明的图样。

4.2.1 印制板结构要素图

印制板结构要素是表示印制板的形状和印制板上的安装孔、引线孔等结构要素的图样，如图 4.2 所示。

这种图的内容一般应包括印制板外形的视图：印制板外形尺寸、插头尺寸、有配合要求的孔、孔距尺寸及公差要求等。

4.2.2 印制板导电图形图

印制板导电图形图是表示印制导线、连接盘、印制元件间相对位置的图样，如图 4.3 所示。

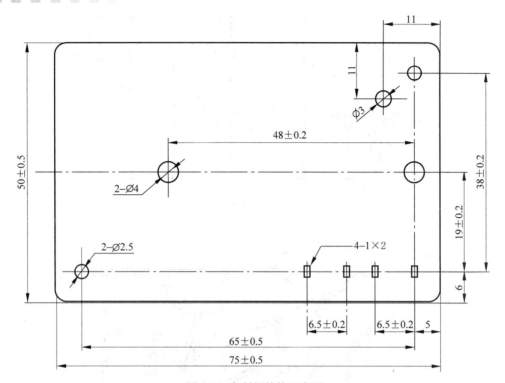

图 4.2　印制板结构要素图

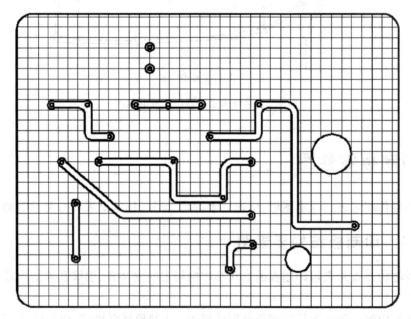

图 4.3　印制板导电图形图

绘制导电图形图时应注意。

① 视图采用正投影法,绘制在坐标网格纸上。

② 布线整齐规划,便于安装测试,拐角处避免尖角。

③ 尺寸常按网格线数码方式标注,数码间距可由设计人员视具体情况而定。

尺寸数据是印制板制作的主要依据之一。在印制板零件图上必须详细地标注各种尺寸,如外轮廓尺寸、元件位置尺寸、导电图形尺寸等。尺寸标注法通常采用以下几种方法:尺寸线法、直角坐标网格法、极坐标网格法、混合法等,尺寸标注示意图见图4.4。

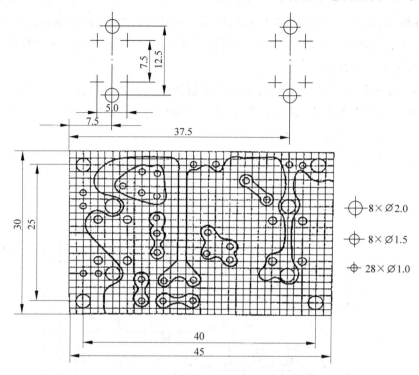

图4.4 混合法标注尺寸示例

4.2.3 印制板标记符号图

印制板标记符号图是按照元器件的实际装接位置,用图形符号或简化外形和它在电路中的项目代号绘制的图样,如图4.5所示。

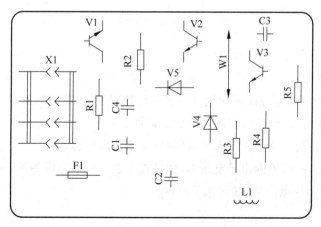

图4.5 印制板标记符号图

4.3 印制板装配图

表示各种元、器件和结构件等与印制板连接关系的图,称为印制板组装件装配图,简称印制板装配图。印制板装配图虽然具有印制板零件图的一般特点,但由于装配图的功能不同,也有其许多不同的特点。

装配图主要表示元、器件和结构件等与印制板的连接关系,因此,必须从装配的角度出发,首先考虑装配者看图方便,根据所装元、器件和结构特点,选用恰当的表示方法和视图。一般只画一个视图,图面完整、清晰、简单、明了,如图 4.6 所示。

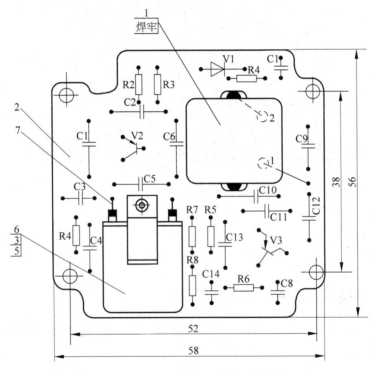

图 4.6 印刷板装配图示例

印制板装配图有如下几方面特点。

① 为了便于装配,图样中应有必要的外形尺寸、安装尺寸以及与其他产品的连接位置尺寸等,而不必像印制板零件图那样用坐标网格来确定各元、器件的具体安装尺寸。

② 各种有极性的元、器件应在图样中标出极性。

③ 元、器件在装配中有方向要求时,必须标出定位特征标志。

④ 在装配图中,一般不画出导电图形,如果需要表示反面导电图形,可用虚线或其他色线画出。用虚线表示导电图形,如图 4.7 所示。

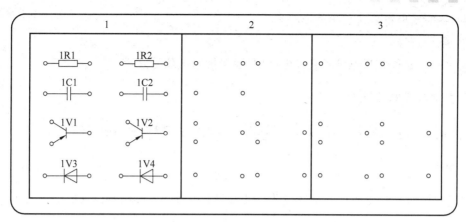

图 4.7　重复单元的表示方法的简化画法示例

4.4　印制板图连接线的表示方法

在印制板图上,元、器件间的连接导线通常应按实际走向画出,一般是不规则的。连接线可用以下四种形式表示。

（1）双线轮廓。

（2）双线轮廓内涂色。

（3）双线轮廓线内画剖面线。

在上述三种表示方法中,印制导线的宽度由坐标网格法确定。

（4）单线表示。当印制导线的宽度小于 1mm 或宽度基本一致时,连接线可用单线绘制,此时,应注明导线宽度、最小间距等,连接线示意图如图 4.8 所示。

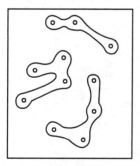 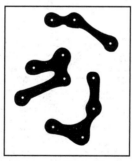 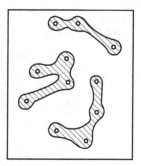

(a) 空白双线轮廓　　　　　　　　(b) 涂色　　　　　　　(c) 画剖面线

图 4.8　双线轮廓表示连接法

4.5　印制板图元器件的表示方法

在印制板图上,一般应表示出元、器件的图形符号、文字符号、实际位置等。

1. 图形符号的应用

在印制板图上,元、器件的图形符号有三种形式。

（1）一般图形符号或简化外形符号。

（2）象形符号。

（3）用元、器件装接位置和它在电路图、逻辑图中的位号表示。

2．文字符号的应用

在印制板上标注的元、器件文字符号，必须与电路图、逻辑图中的标注一致。

3．位置

在印制板图上应合理布置元、器件的位置，图上位置和实际相对位置应是一致的。

4．简化画法

在图样的技术要求中，已有规定的导电图形和结构要素允许用符号表示。在一块印制板上有规律的重复出现的导电图形可以不全部绘出，但必须指出这些导电图形的分布规律。元器件表示方法示意图如图 4.9 所示。

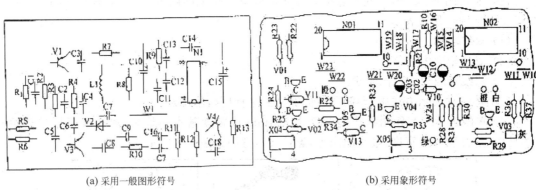

(a) 采用一般图形符号　　　　　　　　　　(b) 采用象形符号

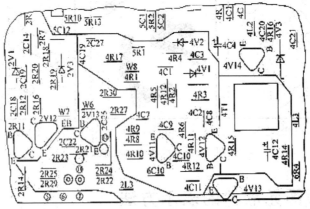

(c) 采用位置标记

图 4.9　元器件表示方法

4.6 端子接线孔的表示方法

在印制板上需要表示元、器件端子连接孔。端子接线孔与导电条相接,又称为金属化孔。端子接线孔在印制板图上的表示方法应遵守以下规则。

(1) 孔的中心必须在坐标网格线的交点上。

(2) 作圆形排列的孔组的公共中心点必须在坐标网路线的交点上,并且其他孔至少有一个孔的中心位于上述交点的同一坐标网格线上。

(3) 作非圆形排列的孔组中的孔,至少有一个孔的中心必须在坐标网格线的交点上,其他孔至少有一个孔的中心位于上述交点的同一坐标网格线上。印刷板装配图示例如图 4.10 所示。

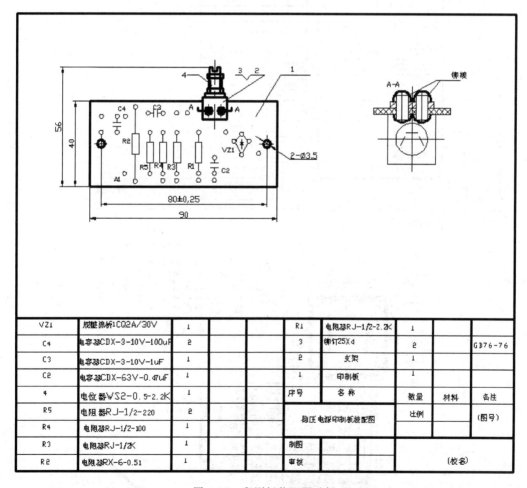

图 4.10 印刷板装配图示例

4.7　单片机小系统印刷板电路图示例

（1）原理图

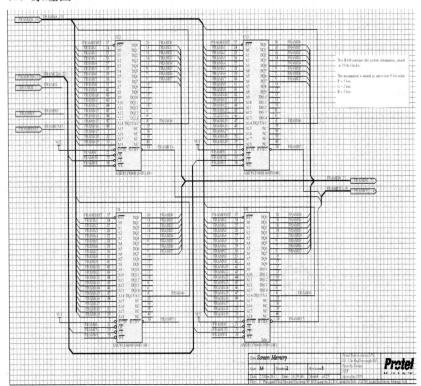

（2）双面印板图

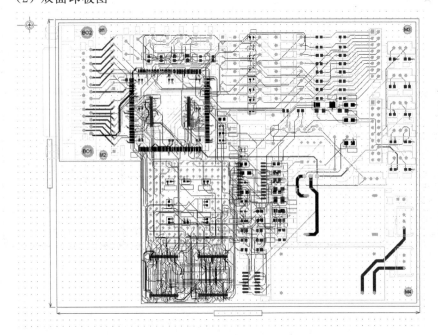

（3）元件面

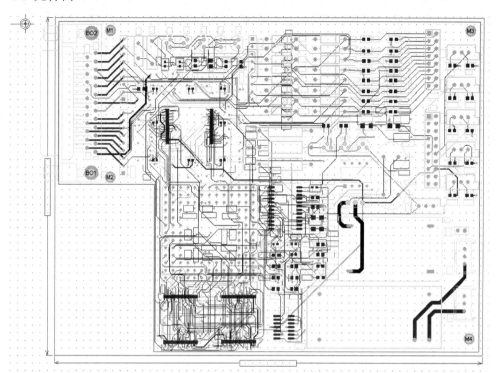

（4）焊接面

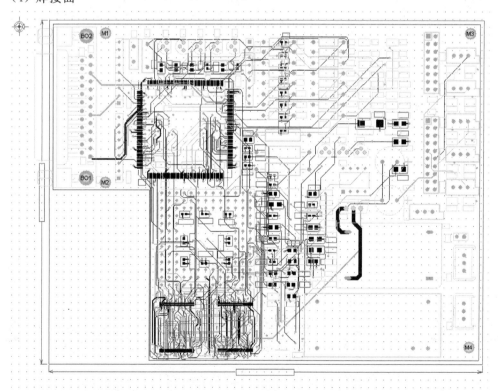

（5）丝印层

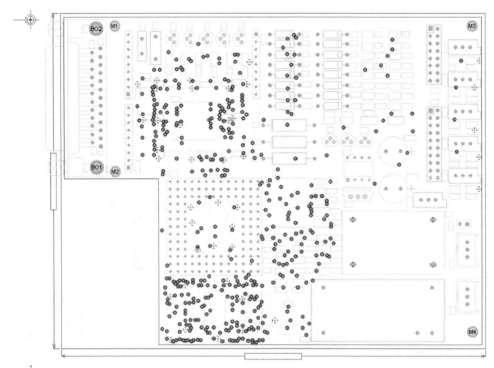

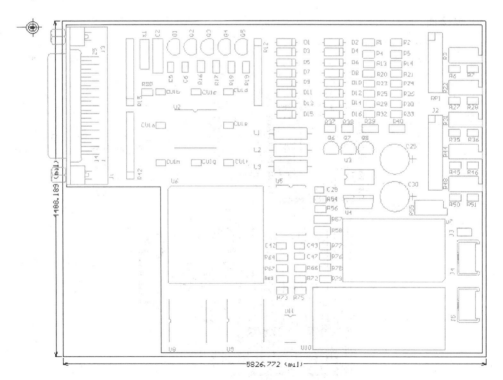

第 5 章

AutoCAD基本绘图概要

AutoCAD 是美国 Autodesk 公司推出的一个通用二、三维 CAD 图形软件系统,主要在微机上运行。它是当今世界上最畅销的图形软件之一,也是我国在目前应用最广泛的软件之一。本章以 AutoCAD 为基础,提纲挈领地介绍用 AutoCAD 绘图的基本操作,对有一定基础的人起到复习的作用,也可为用 AutoCAD 绘制电气图时查阅有关命令提供方便,欲精通 AutoCAD,请参阅有关 AutoCAD 软件的专业书籍。

5.1　AutoCAD 操作界面

执行启动操作后,就进入 AutoCAD 操作界面,如图 5.1 所示。

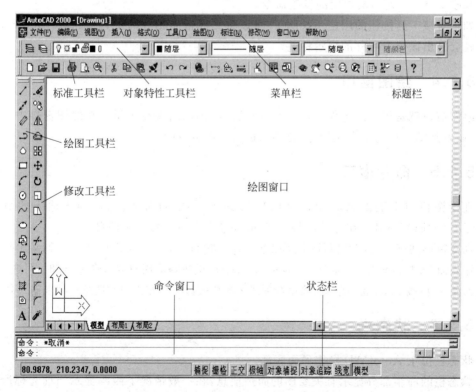

图 5.1　AutoCAD 操作界面

5.1.1　标题栏

如同所有标准的 Windows 应用界面,顶部标题栏的左边显示软件名称,右边是 3 个界面窗口控制按钮:最小化、最大化/还原和关闭按钮。

5.1.2　菜单栏

标题栏下的菜单栏提供了一种简便易学的操作方式,它将绝大多数的 AutoCAD 命令分门别类归入 11 条菜单栏中,从左到右分别为:文件、编辑、视图、插入、格式、工具、绘图、标注、修改、窗口和帮助。

5.1.3　工具栏

标准的 AutoCAD 界面提供标准工具栏、对象特性工具栏、绘图工具栏和修改工具栏等 4 种工具栏,以工具按钮的形式列出最为常用的各种命令,供用户方便快捷地点取执行。

标准工具栏:它的前半部分列出标准的 Windows 应用软件共有的文件管理和编辑命令,后半部分列出 AutoCAD 常用的辅助绘图命令。

对象特性工具栏:用于设定和改变实体的特性。

绘图工具栏:列出最常用的绘图命令。

修改工具栏:列出最常用的修改命令。

如果对该工具按钮的用途不甚明了,可以将光标指向相应的工具按钮并停留 1～2 秒,下方就会显出该命令名称的提示标签。

5.1.4　绘图窗口

绘图窗口就是用户的工作区域,所绘的任何实体都出现在这里。在绘图窗口中移动鼠标,可以看到随着移动十字光标,这是用来进行绘图定位的。

5.1.5　命令窗口

在绘图窗口下面的命令窗口是用户与 AutoCAD 的对话窗口,用户输入的命令和 AutoCAD 的回答都显示在这里,用户应随时注意命令窗口的提示信息。

命令窗口共有 3 行,上面两行显示以前的命令执行过程记录,最下面一行显示当前信息,没有输入命令时,这里显示“命令:”,表示 AutoCAD 正在等待用户输入命令,此时,可选择用键盘敲入命令(再按 Enter 键)或单击菜单选项或工具栏按钮 3 种方式中的任意一种来输入命令。

5.1.6　状态栏

状态栏位于 AutoCAD 操作界面底部。

状态栏的前半部分显示有关绘图的简短信息,在一般情况下跟踪显示当前光标所在位置的坐标。当光标指向某个菜单选项或工具按钮时,则会显示相应的命令说明和命令名称。

状态栏的后半部分是 8 个绘图状态控制按钮。单击切换按钮,可在这些系统设置的

"开"和"关"状态之间切换,凹陷状态为"开",凸起状态为"关"。

8个绘图状态控制按钮功能如下。

1．捕捉按钮

打开捕捉按钮,使得光标在坐标为最小步距(栅格间距)整倍数的点间跳动,捕捉方式能够保证所绘实体的间距。

2．栅格按钮

打开栅格按钮,绘图区显示出标定位置的栅格点,以便于用户定位对象。栅格间距可通过"草图设置"对话框中进行设置。

3．正交方式按钮

打开正交方式按钮,在用光标取点时,将会限制光标在水平和垂直方向移动,从而保证在这两个方向执行画线或编辑操作。

4．极轴追踪模式按钮

打开极轴追踪模式按钮,极轴追踪功能允许当你绘图和编辑对象时,光标旋转特定角度。当在绘图和编辑命令中已经输入一点时,借助极轴追踪可以用光标直接拾取与上一点呈一定距离和一定角度的点,如同用键盘输入相对极坐标一样。

缺省状态下,旋转角度是90°的整数倍数,也可以将角度增量定义为其他值。方法是:把鼠标移到"极轴"按钮处,单击右键,选择"设置",弹出"草图设置"对话框,可以在"极轴追踪"选项卡中指定旋转角度。

5．对象捕捉按钮

打开对象捕捉按钮,根据设置的捕捉方式,每当命令提示输入点时,直接移动光标接近相应实体,自动捕捉所绘对象上特定点。

6．对象追踪方式按钮

打开对象追踪方式按钮,提供显示图纸中捕捉点的追踪向量。使用对象追踪功能必须同时打开对象捕捉状态,可以同时从两个对象捕捉点引出极轴追踪辅助虚线,找到它们的交点。

7．线宽显示模式按钮

打开线宽显示模式按钮,根据绘图时选择的线宽来显示对象的线条,粗线显示为粗线,细线显示为细线,此时,会使屏幕的刷新变慢。关闭线宽显示模式按钮时,所有的线均显示细线。

8．模型/图纸空间按钮

通过单击模型/图纸空间按钮,可实现模型空间和图纸空间之间的切换。

模型空间是用于完成绘图和设计工作的工作空间,用户通过在模型空间建立模型来表达二维或三维形体的造型,图形的绘制和编辑功能都是在模型空间完成的,设计者一般在模型空间完成其主要的设计构思。

图纸空间用来将几何模型表达到工程图上，专门用来出图。在图纸空间中可以创建并放置视口对象，还可以添加标题栏或其他几何图形，可以在图形中创建多个布局以显示不同视图，每个布局可以包含不同的打印比例和图纸尺寸。

5.2　AutoCAD 命令执行方法

AutoCAD 通过执行一系列命令来完成绘图，当启动 AutoCAD 成功后即可进入绘图界面，此时在屏幕底部命令行见到"命令："提示，即表示 AutoCAD 已经处于接受命令状态。另外，系统在执行命令的过程中需要用户以交互方式输入必要的信息，如输入数据、选择实体或选择执行方式等。

5.2.1　命令执行方式

AutoCAD 的命令输入，可以通过鼠标、键盘或数字化仪等设备，选择以下几种方式进行。
① 通过下拉菜单执行命令。
② 通过工具栏执行命令。
③ 直接在命令行输入命令名称，然后回车执行该命令。
④ 使用快捷键执行命令。

5.2.2　坐标输入方法

绘图时，经常要通过坐标系确定点的位置，如线段的端点、圆或圆弧的圆心等。在确定好自己的坐标系以后，一般可以采用以下方法确定点的位置。
① 用鼠标在屏幕上取点。
② 用对象捕捉方式捕捉一些特征点，如圆心、线段的端点、垂足点、切点、中点等。
③ 通过键盘输入点的坐标。

5.2.3　输入坐标的方式

利用键盘输入点的坐标时，用户可以根据绘图需要选择用绝对坐标或相对坐标的方式输入，而且每一种坐标方式又有直角坐标、极坐标、球面坐标和柱坐标之分。

1. 绝对坐标

绝对坐标是指点相对于当前坐标系原点的坐标。

（1）直角坐标：直角坐标用点的 X、Y、Z 坐标值来表示，坐标值之间用逗号分开。如在输入坐标点的提示下输入"50,25,35"，则表示输入一个点，其 X、Y、Z 的坐标值分别为 50、25、35。绘二维图形时，点 Z 坐标值为 0，故不需要再输入该坐标值。

（2）极坐标：极坐标用来表示二维点，用相对坐标原点的距离和与 X 轴正方向的夹角来表示点的位置。其表示方法为："坐标离开原点的距离与 X 轴的夹角"。在默认情况下，角度按顺时针增大而逆时针方向减小。例如，要指定相对于坐标原点距离为 10，角度为 45°

的点,则输入"10<45"。

（3）球面坐标：球面坐标用于确定三维空间的点,它是极坐标的推广。

2．相对坐标

相对坐标是指相对于前一个坐标点的坐标,相对坐标也有直角坐标、极坐标、球面坐标等多种形式,其输入格式与绝对坐标类似,但需在坐标前加上"@"符号。例如"@50,45",表示相对于前一点的 X、Y 值分别为 50 和 45 的直角坐标点。

5.3 AutoCAD 基本的绘图命令

在图纸上看起来很复杂的图形,一般都是由几种基本的图形对象（或称为图元）组成。这些图形对象可以是直线、圆、圆弧、矩形和多边形等。绘制这些图形对象,都有相应的绘图命令。所以,掌握使用 AutoCAD 进行绘图的技术,就是要能够熟练使用这些绘图命令。AutoCAD 基本绘图命令有如下几个。

1．点 POINT

> 绘图工具栏：▪
> 下拉菜单：[绘图][点][单点/多点]
> 命令窗口：POINT(PO)

该命令用于绘制单独的点。

2．直线 LINE

> 绘图工具栏：▨
> 下拉菜单：[绘图][直线]
> 命令窗口：LINE(L)

该命令用于绘制直线或连续的折线。

3．射线 RAY

> 下拉菜单：[绘图][射线]
> 命令窗口：RAY

该命令用于绘制一端无限延伸的射线,一般用作绘图的辅助线。

4．构造线 XLINE

> 绘图工具栏：▨
> 下拉菜单：[绘图][构造线]
> 命令窗口：XLINE(XL)

该命令用于绘制两端无限延伸的直线,一般用作绘图的辅助线。

5. 矩形 RECTANG

绘图工具栏: ▭

下拉菜单:[绘图][矩形]

命令窗口:RECTANG(REC)

该命令用于绘制矩形,通过指定对角点来绘制矩形,同时可以指定矩形的线宽、圆角、倒角的效果。

6. 正多边形 POLYGON

绘图工具栏: ⬡

下拉菜单:[绘图][正多边形]

命令窗口:POLYGON(POL)

该命令用于绘制 3~1024 条边的正多边形。

7. 圆 CIRCLE

绘图工具栏: ⊘

下拉菜单:[绘图][圆]

命令窗口:CIRCLE(C)

该命令用于绘制圆。

8. 圆弧 ARC

绘图工具栏: ◜

下拉菜单:[绘图][圆弧]

命令窗口:ARC(A)

该命令用于绘制圆弧。

9. 椭圆 ELLIPSE

绘图工具栏: ⬭

下拉菜单:[绘图][椭圆]

命令窗口:ELLIPSE(EL)

该命令用于绘制圆弧。

10．样条曲线 SPLINE

绘图工具栏：〰️

下拉菜单：［绘图］［样条曲线］

命令窗口：SPLINE(SPL)

该命令用于绘制样条曲线。

11．宽线 TRACE

命令窗口：TRACE

该命令用于绘制具有一定宽度的宽线，除了需要指定线条宽度以外，操作类似于 LINE（直线）命令。

12．实心区域 SOLID

下拉菜单：［绘图］［表面］［二维填充］

命令窗口：SOLID(SO)

该命令用于绘制任意实心多边形区域。

13．实心圆/圆环 DONUT

下拉菜单：［绘图］［圆环］

命令窗口：DONUT

该命令用于绘制任意实心圆或圆环。

14．多段线 PLINE

绘图工具栏：

下拉菜单：［绘图］［多段线］

命令窗口：PLINE(PL)

多段线是指相连的多段直线或弧线组成的一个复合实体，其中每一段线可以是细线、粗线或者变粗线，因此多段线能够画出许多其他命令难以表达的图形。

15．边界线 BOUNDARY

下拉菜单：［绘图］［边界］

命令窗口：BOUNDARY(BO)

边界线命令可以说是多段线的一种特殊用法，通过在一个封闭区域内点取一点，自动画出围绕这个封闭区域的轮廓线。封闭区域可以是由直线、曲线、圆、多边形等线性实体组合而成。

16. 多线 MLINE

> 绘图工具栏：✎
>
> 下拉菜单：［绘图］［多线］
>
> 命令窗口：MLINE(ML)

该命令用于绘制一组平行线，在缺省状态下，可以画出双线。

17. 绘制草图 SKETCH

> 命令窗口：SKETCH

设计人员常常需要勾画草图来辅助构思，AutoCAD 提供徒手画命令，可以使用鼠标在屏幕上"徒手"画线，绘制草图。

5.4 AutoCAD 基本的编辑命令

1. 偏移

> 修改工具栏：⬛
>
> 下拉菜单：［修改］［偏移］
>
> 命令窗口：OFFSET(O)

该命令用于偏移复制线性实体，得到原有实体的平行实体。

2. 复制

> 修改工具栏：⬛
>
> 下拉菜单：［修改］［复制］
>
> 命令窗口：COPY(CO,CP)

该命令用于复制已有的实体，当图上存在多个相同实体时，可以先画一个再复制。

3. 镜像

> 修改工具栏：⬛
>
> 下拉菜单：［修改］［镜像］
>
> 命令窗口：MIRROR(MI)

该命令用于复制原有的实体，当绘制对称图形时，可以先绘制一半再做镜像。

4．阵列

> 修改工具栏：⊞
> 下拉菜单：［修改］［阵列］
> 命令窗口：ARRAY（AR）

该命令用于把一个图形复制成为矩形排列或环形排列的一片图形。

5．移动

> 修改工具栏：✥
> 下拉菜单：［修改］［移动］
> 命令窗口：MOVE（M）

该命令用于改变实体在图上的位置。

6．旋转

> 修改工具栏：⟳
> 下拉菜单：［修改］［旋转］
> 命令窗口：ROTATE（RO）

该命令用于旋转已有实体。

7．延伸

> 修改工具栏：➙╱
> 下拉菜单：［修改］［延伸］
> 命令窗口：EXTEND（EX）

该命令可以将线性实体按其方向延长到指定边界。

8．改变长度

> 修改工具栏：╱
> 下拉菜单：［修改］［拉长］
> 命令窗口：LENGTHEN（LEN）

该命令用于改变直线或曲线的长度。

9．拉伸

> 修改工具栏：▭
> 下拉菜单：［修改］［拉伸］
> 命令窗口：STRETCH（ST）

该命令用于对实体进行拉伸、压缩或移动。

10．打断

修改工具栏：▭

下拉菜单：［修改］［打断］

命令窗口：BREAK(BR)

该命令可以将一个线性实体断开为两个。

11．修剪

修改工具栏：╱

下拉菜单：［修改］［修剪］

命令窗口：TRIM(TR)

该命令可以将线性实体按指定边界剪掉多余的部分。

12．比例缩放

修改工具栏：▱

下拉菜单：［修改］［比例］

命令窗口：SCALE(SC)

该命令用于按比例缩放实体的几何尺寸。

13．圆角

修改工具栏：▰

下拉菜单：［修改］［圆角］

命令窗口：FILLET(F)

该命令可以把两个线性实体用圆弧平滑地连接。

14．倒角

修改工具栏：▰

下拉菜单：［修改］［倒角］

命令窗口：CHAMFER(CHA)

该命令可以把两个不平行的线性实体用切角相连。

15．删除

修改工具栏：

下拉菜单：［修改］［删除］

命令窗口：ERASE(E)

该命令用于删除不必要的实体，比如绘制错误的实体或不再需要的辅助线。

16．恢复

命令窗口：OOPS

该命令用于恢复最近一次删除的实体，而且仅限于最近一次。执行命令后，最近一次删除的实体会重新出现。

17．放弃

标准工具栏：

下拉菜单：［编辑］［放弃］

命令窗口：U

该命令可以取消上一个命令，返回命令执行之前的状态，并会显示被取消的命令名称，对于改正错误操作非常有用。

18．重做

标准工具栏：

下拉菜单：［编辑］［重做］

命令窗口：REDO

该命令可以恢复用 U 或 UNDO 命令取消的操作。重做命令只能恢复一次，而且必须在 U 或 UNDO 命令之后马上接着执行。

19．夹点编辑

AutoCAD 还提供了一种自动快速编辑功能，用户无需发出任何命令，直接选择实体，就会看到实体上出现蓝色小方框，标识出实体的特征点（比如直线的端点和中点，多段线的端点和折点），称为夹点。点取某个夹点，就可以自动启动五种基本编辑命令。夹点编辑包括伸展（STRETCH）、移动（MOVE）、旋转（ROTATE）、比例缩放（SCALE）和镜像（MIRROR）。

5.5　使用图块

5.5.1　图块的特点

1. 图块简介

在制图过程中,经常需要使用相同的图形,如果每次总是从头画起,势必花费很多时间和精力,为此 AutoCAD 引入了图块的概念。

图块是一组图形对象的集合,图块中的各图形对象均有各自的图层、颜色、线型等属性,但 AutoCAD 把图块看做一个单独的、完整的对象来操作,可以把它随时插入到当前图形中的指定位置,并可以指定不同的比例缩放系数和旋转角度。通过拾取图块中的任何一个对象,就可以对整个图块进行移动、复制、旋转、删除等操作。这些操作与图块的内部结构无关。

2. 图块的特点

在 AutoCAD 中,图块的使用主要有以下几种特点。

(1) 有利于建立图块库

在绘图过程中遇到重复出现或经常使用的图形(如电气图中的接触器、继电器等),可以把它们定义成块,建立图块库。需要时,将其插入,既避免了大量的重复工作,提高了绘图效率,又做到了资源共享。

(2) 有利于节省存储空间

在绘图过程中,如果用复制命令(COPY)将一组对象复制 10 次,则图形文件的数据库中就要保存 10 组同样的数据。如果该组对象被定义为图块的话,则无论插入多少次,也只保存图块名、插入点坐标、缩放比例系数及旋转角度等,不再保存图块中的每个对象的特征参数(如图层、颜色、线型、线宽等),就大大节省了存储空间,这一优势在绘制复杂图形中特别突出。

(3) 有利于图形的修改和重新定义

图块可以分解为一个个独立的对象,可对它们进行修改和重新定义,而所有图形中引用这个块的地方都会自动更新,简化了图形的修改。

5.5.2　定义图块

要定义图块,首先应绘制需定义图块的图形,然后调用创建图块的命令,将图形保存为一个字符名称(块名)。AutoCAD 提供了两种方式来创建新图块,一种是用对话框创建新图块,另一种是用命令行创建新图块。在创建图块的过程中,对需要定义的图块进行设置,要定义图块的名称、选择基点、选择要作为图块的实体对象等。

1. 定义内部图块

绘图工具栏：

下拉菜单：［绘图］［块］［创建］

命令窗口：BLOCK(B)

该命令所定义的图块,只能在图块所在的当前图形文件中被使用,不能被其他图形文件使用。

2. 定义外部图块

命令窗口:WBLOCK(W)

该命令执行后,系统将弹出"写块"对话框,完成有关设置后可将图块单独以图形文件的形式存盘。这样创建的图块可被其他文件插入和引用。

5.5.3 插入图块

1. 插入单个图块

绘图工具栏:
下拉菜单:[插入][块]
命令窗口:INSERT/DDINSERT

执行该命令后,将弹出一个对话框,选择要插入的图块名称和插入点后,图块即插入到图形中。

2. 插入阵列图块

MINSERT 命令相当于将阵列与插入命令相结合,用以将图块以矩形阵列的方式插入。

3. 等分插入图块

下拉菜单:[绘图][点][定数等分]
命令窗口:DIVIDE

DIVIDE 命令并不仅用于插入图块,它的意义是在指定图形上测出等分点,并以等分点为基点插入点或图块。

4. 等距插入图块

下拉菜单:[绘图][点][定距等分]
命令窗口:MEASURE(ME)

MEASURE 命令的应用与 DIVIDE 命令相似,不同的是 DIVIDE 命令是以给定的等分数量来插入块,而 MEASURE 命令是指按指定的间距来插入点或图块,直到余下部分不足一个间距为止。

5. 分解图块

修改工具栏:
下拉菜单:[修改][分解]
命令窗口:EXPLODE/XPLODE

由于图块具有整体性,如果想对图块进行编辑修改,可以将图块还原为单个实体,即将图块分解。该命令也可用于分解多段线。

5.6 绘图设置

1. 作图单位

下拉菜单:[格式][单位]
命令窗口:UNITS/DDUNITS(UN)

UNITS/DDUNITS 命令用于设置长度与角度的单位格式及精度。

2. 图形界限

下拉菜单:[格式][图形界限]
命令窗口:LIMITS

LIMITS 命令用于设置作图区域范围。

3. 作图工具设置

下拉菜单:[工具][草图设置]
命令窗口:DSETTINGS(DS、RM、SE)

AutoCAD 提供了一组特别的作图工具,用于作图时用光标精确取点。执行 DSETTINGS 命令后,出现"草图设置"对话框,该对话框包含 3 个选项卡,分别用来设置捕捉和栅格、极轴追踪和对象捕捉。

4. 颜色

下拉菜单:[格式][颜色]
命令窗口:COLOR(COL)

AutoCAD 允许为不同的实体分配不同的颜色,以便作图时直观观察。将来在打印出图时,还可根据需要选择打成彩色或黑白。为此,需要设置当前作图所用的颜色。

5. 设置线型

下拉菜单:[格式][线型]
命令窗口:LINETYPE(LT)

在实际的设计工作中,常常要用不同的线型来表示不同的构件。除了固有的连续实线以外,AutoCAD 还提供了多达 45 种特殊线型。

如果想要增加新的线型,在执行 LINETYPE 命令后,出现"线型管理器"对话框,选择并加载需要的线型即可。

6．设置线宽

下拉菜单：［格式］［线宽］
命令窗口：LWEIGHT(LW)

执行该命令后,弹出"线宽设置"对话框,可设置线宽。

7．设置图层

对象特性工具栏：
下拉菜单：［格式］［图层］
命令窗口：LAYER(LA)

AutoCAD 允许把图形内容分门别类画在不同的图层上,借助图层管理功能,可以实现图形实体的分类存放与分别控制。

5.7　文本标注

1．定义字型

下拉菜单：［格式］［文字样式］
命令窗口：STYLE/DDSTYLE(ST)

AutoCAD 提供了一种现成的 Standard(标准)字型,可供用户直接注写西文字符。但是我国的设计人员往往需要标注中文说明,因此在正式注写文字前,先要定义好相应的中文字型。

2．单行文字

下拉菜单：［绘图］［文字］［单行文字］
命令窗口：DTEXT/TEXT(DT)

单行文字命令适合于在图上注写少量的文字,方便而快捷。

3．注写多行文字

绘图工具栏：**A**
下拉菜单：［绘图］［文字］［多行文字］
命令窗口：MTEXT(T、MT)

多行文字适合于在图上注写大段的文字,功能强大而全面。

5.8 尺寸标注

1. 尺寸标注样式

> 标注工具栏：
>
> 下拉菜单：［标注］［样式…］
>
> 命令窗口：DDIM

不同的工程专业对标注形式有不同的要求，因此对图形进行标注前应首先根据专业要求对标注形式进行设置，包括格式、文字、单位、比例因子、精度等的设置。

2. 长度尺寸标注

> 标注工具栏：
>
> 下拉菜单：［标注］［线性］
>
> 命令窗口：DIMLINEAR(DIMLIN)

长度类尺寸标注包括水平尺寸标注、垂直尺寸标注和旋转尺寸标注，这三种尺寸标注的方法大致相同。

3. 平齐尺寸标注

> 标注工具栏：
>
> 下拉菜单：［标注］［对齐］
>
> 命令窗口：DIMALIGNED

线性型尺寸标注实际的标注长度是尺寸界线间的垂直距离，平齐尺寸标注是用来标注斜线的尺寸，标出的尺寸线与所选实体具有相同的倾角。

4. 基线标注

> 标注工具栏：
>
> 下拉菜单：［标注］［基线］
>
> 命令窗口：DIMBASELINE(DIMBASE)

该命令用于以一条尺寸线为基准标注多条尺寸线。

5. 连续标注

> 标注工具栏：
>
> 下拉菜单：［标注］［连续］
>
> 命令窗口：DIMCONTINUE

该命令用于按某一种基准线进行标注,尺寸线首尾相连,该命令只适用于线性型、角度型、坐标型三种类型的尺寸标注。

6. 径向型标注

标注工具栏: 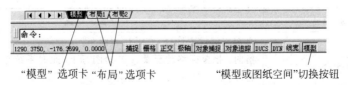 / ⊗

下拉菜单:[标注][半径][半径/直径]

命令窗口:DIMRADIUS(DIMRAD)/DIMDIAMETER(DIMDIA)

该命令用于标注圆或圆弧的半径及直径。

5.9　图形的布局与打印输出

在 AutoCAD 中完成绘图后,常常需要把图形输出,其中最重要是打印输出。在电气 CAD 工程制图中,图纸上通常包括图形和其他的附加信息(如图纸边框、标题栏等),打印的图纸经常包含一个以上的图形,就需要利用 AutoCAD 提供的图纸空间,根据打印输出的需要布置图纸。AutoCAD 有两种绘图空间:模型空间和图纸空间。

5.9.1　模型空间和图纸空间

模型空间中的"模型"是指 AutoCAD 中用绘制与编辑命令生成的代表现实世界物体的对象;而模型空间是建立模型时所处的 AutoCAD 环境,是用户用于完成绘图和设计工作的工作空间。

图纸空间又称为布局空间,它是一种工具,用于图纸的布局,是完全模拟图纸页面设置、管理视图的 AutoCAD 环境。在图纸空间里用户所要考虑的是图形在整张图纸中如何布局,如图形排列、绘制视图、绘制局部放大图等。例如希望在打印图形时为图形增加一个标题栏、在一幅图中同时打印立体图形的三视图等,这些都需要借助图纸空间。

模型空间虽然只有一个,但是可以为图形创建多个布局图以适应不同的要求。在绘图区域的下方一般默认一个模型选项卡和两个布局选项卡(布局1和布局2)。浮动模型空间与图纸空间的切换可以通过绘图区下部状态栏右边的"模型或图纸空间"切换按钮来实现,如图 5.2 所示。当按钮显示为"模型"时,单击"模型"按钮可以进入图纸空间,同时该按钮变为"图纸"按钮;当按钮显示为"图纸"时,单击"图纸"按钮可以进入浮动模型空间,同时该按钮变为"模型"按钮。

"模型"选项卡 "布局"选项卡　　　　　　"模型或图纸空间"切换按钮

图 5.2　"模型"选项卡、"布局"选项卡和"模型或图纸空间"切换按钮

5.9.2 布局空间打印输出

1. 布局

在模型空间中,只能实现单个视图出图,要想多个视图出图,必须使用图纸空间即布局。要想在布局空间打印出图,首先要创建布局,创建布局包含页面设置、画图框、插入标题栏、创建视口,甚至视口中的图形比例、添加注解等。常见创建布局的方法有三种。

① 通过"布局"选项卡创建布局。

② 利用"布局向导"创建布局。

③ 使用"布局样板"创建布局。

2. 视口

所谓视口是建立在布局上的浮动视口,是从图纸空间观察、修改在模型空间建立的模型的窗口。建立浮动视口,是在布局上组织图形输出的重要手段。浮动视口的特点如下。

(1) 浮动视口本身是图纸空间的 AutoCAD 实体,可以被编辑(删除、移动等),视口实体在某个图层中创建,必要时可以关闭或冻结此图层,此时并不影响其他视口的显示。

(2) 图纸空间中,每个浮动视口都显示坐标系坐标。

(3) 无论在图纸空间绘制什么,都不会影响在模型空间所设置的图形。在图纸空间绘制的对象只在图纸空间有效,一旦转换到模型空间就没有了。

创建视口的命令:

下拉菜单:［视图］［视口］［新建视口］

视口工具栏:新建视口

3. 打印输出

在图纸空间(布局空间)完成图形布局后,通常要打印到图纸上,也可以生成一份电子图纸,以便从互联网上进行访问。打印的图形可以包含图形的单一视图,或者更为复杂的视图排列。根据不同的需要,可以打印一个或多个视口,或设置选项以决定打印的内容和图像在图纸上的布置。如果想要将图形打印输出到纸上,则只要在指定了打印设备和介质,并进行打印预览后,就可以实现打印图形了。

5.10 AutoCAD 软件基本操作一览表

操 作 要 点	含 义
AutoCAD 鼠标操作	通常左键代表选择,右键代表回车。 指向:把鼠标移动至某一工具图标上,此时系统会自动显示该图标名称。 单击左键:把光标指向某一对象,单击

续表

操 作 要 点	含　义
通常单击左键含义	选择目标； 确定十字光标在绘图区的位置； 移动绘图区的水平、垂直滚动条； 单击工具栏目标，执行相应的命令； 单击对话框中命令按钮，执行命令
通常单击右键含义	单击鼠标光标所指向的当前命令工具栏设置框，以定制工具栏； 结束选择目标； 弹出浮动菜单； 代替按回车键
双击(一般均指双击左键)	启动程序或打开窗口。 更改状态行上 SNAP、GRID、ORTHO、OSNAP、MODLE 和 TILE 等 开关量
AutoCAD 工作模式	人机对话，操作过程 发命令——看提示；先命令——后选择
AutoCAD 命令输入方式	① 下拉菜单； ② 工具栏按钮； ③ 直接输入命令； ④ 使用快捷键； ⑤ 运用辅助绘图工具
绘图时，通过坐标系确定点的位置	用鼠标在屏幕上取点； 用对象捕捉方式捕捉特征点； 通过键盘输入点的坐标
绝对坐标系	指相对于当前坐标系坐标原点的坐标 (1) 直角坐标(x,y,z) 输入点的 X,Y,Z 坐标 (2) 极坐标 $(a<b)$ ① a——某点与坐标原点的距离 ② b——两点连线与 X 轴正向的夹角 (3) 球面坐标 $(a<b<c)$ ① a——某点与坐标原点的距离 ② b——该点在 XOY 平面内的投影与原点连线与 X 轴正向的夹角 ③ c——该点与坐标系原点的连线同 XOY 坐标平面的夹角
相对坐标	是指相对于前一坐标点的坐标 ①相对直角坐标系($@x,y$) ② 相对极坐标($@a<b$) ③ 相对球面坐标($@a<b<c$)
AutoCAD 绘图步骤	① 绘图设置(设置图幅、图层、线型、捕捉状态) ② 绘制图形(用绘图命令) ③ 编辑图形(用编辑命令) ④ 保存图形 ⑤ 出图\退出绘图状态

用 AutoCAD 软件进行设计时，要充分理解软件所提供的丰富的操作命令，并能够融会贯通的灵活使用，这样就会使图形画得又快又好。对于初学者来说养成良好的绘图习惯是

十分必要的。

练习题

用 AutoCAD 绘制如下所示图形。

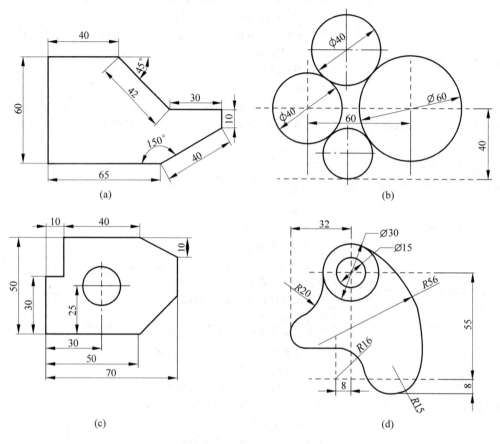

第6章 电气CAD应用实践

6.1 电气制图CAD应遵守的基本原则

电气系统规模的不断庞大、功能的多样化发展、线路复杂程度的加大、产品更新换代周期缩短及新产品的不断涌现,使技术人员的文件编制工作越来越繁杂。文件编制工作采用计算机辅助设计(CAD),给专业技术人员带来了很大的方便。开发计算机在制图方面的应用,应遵循以下规则。

(1) 保持数据的一致性。

为保持所有文件之间及整套装置或设备与文件之间的一致性,用于CAD的数据(包括电气符号)和文件应当存储在数据库中。

(2) CAD的初始输入系统应采用公认的标准数据格式和字符集。

当需要在计算机系统之间交换数据时,CAD的初始输入系统采用公认的标准数据格式和字符集,将简化设计数据的交换过程。

(3) 选择和应用设计输入终端的原则。

① 选用的终端应在符号、字符和所需格式方面支持适用的工业标准。

② 在数据库和相关图表方面,设计输入系统应支持标准化格式,以便设计数据能在不同系统间传输,或传送到其他系统做进一步处理。

③ 初始设计输入应按所需文件编制方法进行。

④ 数据的编排应允许补充和修改,且不涉及大范围的改动。

(4) 电气简图用图形符号应遵守GB4728(电气简图用图形符号)系列标准的规定。

(5) 信息的标记和注释。

为实现计算机处理的兼容性,用于组成信息代号的字符集只能限于GB/T 1988-1998《信息技术信息交换用七位编码字符集》中规定的代码表,不包括控制字符。

(6) 在同一CAD系统中,图层名应唯一,图层名宜采用国内外通用信息分类的编码标准。为便于各专业信息交换,图层名应采用格式化命名方式。

6.2　电气制图 CAD 应用实践

6.2.1　概略图的 CAD 实现

概略图通常是用单线表示的系统、装置、部件、设备、软件中各项目之间的主要关系和连接的相对简单的图。通常在系统、分系统、成套装置、设备、软件等设计初期,都要先绘制概略图,从总体上对设计对象的基本组成以及主要的相互关系进行描述,概略地表示设计对象主要功能和特殊性。

绘制某轧钢厂的概略图如图 6.1 所示。

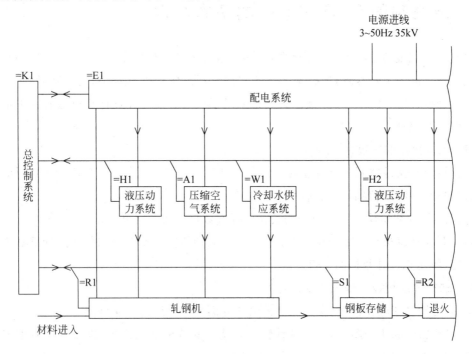

图 6.1　某轧钢厂的概略图

［画图提示］

(1) 绘制的基本过程是首先画出各框,再画出各框的连接线,然后标注文字。

(2) 观察该图,发现有许多相同的图形,因此,在绘图中可大量应用复制命令。

(3) 绘图时,可从中间的矩形开始绘制,然后根据相对位置画出其他图形。

(4) 在绘图时,用 AutoCAD 提供的“极轴”和“对象追踪 & 对象捕捉”功能来定位,可大大提高绘图效率。

［操作步骤］

(1) 设置绘图工作环境。

① 设置绘图区域：200,150。

② 设置极轴追踪：设置极轴角增量为 15°,“极轴”状态按钮为打开状态。

③ 打开"对象捕捉"和"对象追踪"状态按钮。

（2）绘制如图6.2所示图形。

（3）绘制如图6.3所示图形,用复制的方法画出其余三个同样的图形。

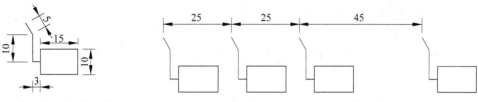

图6.2 概略图1绘制步骤1　　　　　　图6.3 概略图1绘制步骤2

（4）绘制如图6.4所示图形中的直线。

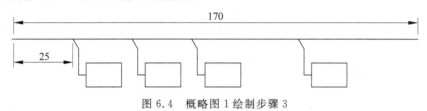

图6.4 概略图1绘制步骤3

输入画直线命令,用"对象追踪"和"对象捕捉"功能,把鼠标移到左边连接线最上面一条线的端点,出现捕捉到的端点后,水平向左移动鼠标,当显示端点极坐标为(25<180)时,单击确定。

指定下一点或［放弃(U)］:水平向右移动鼠标,出现如图6.5(b)所示的端点极坐标时,单击确定。

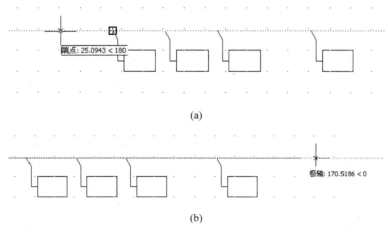

(a)

(b)

图6.5 概略图1绘制步骤3

（5）绘制如图6.6所示图形中的(1)、(2)。

提示:用"对象追踪"功能。

（6）绘制如图6.7所示图形的(1)~(3)。

提示:用复制方法,绘制如图6.7所示直线和箭头。

（7）绘制如图6.8所示图形中的三个矩形(1)。

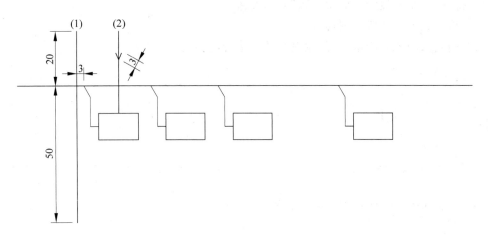

图 6.6　概略图 1 绘制步骤 4

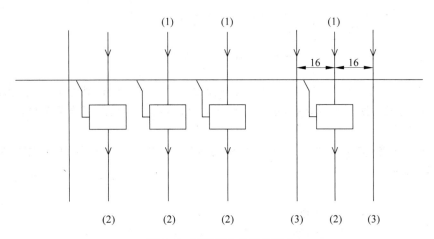

图 6.7　概略图 1 绘制步骤 5

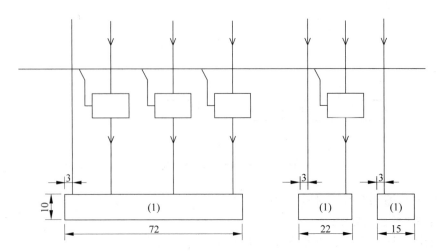

图 6.8　概略图 1 绘制步骤 6

（8）绘制如图 6.9 所示图形中的连接线（1）、直线（2）。

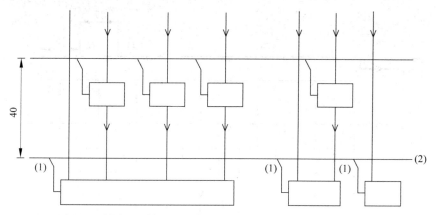

图 6.9　概略图 1 绘制步骤 7

（9）绘制如图 6.10 所示图形中下面带箭头的 3 条线，如图 6.10 中（1）。

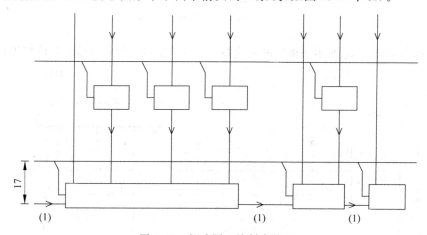

图 6.10　概略图 1 绘制步骤 8

（10）绘制如图 6.11 所示图形中的矩形（1）和矩形间的连接线及箭头（2）。

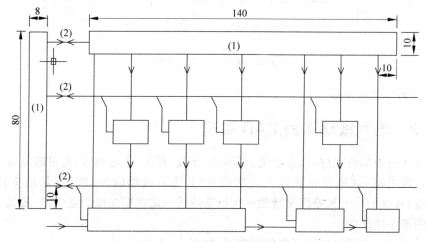

图 6.11　概略图 1 绘制步骤 9

（11）绘制如图 6.12 所示图形中的两根电源进线。如图中（1）、（2）所示。

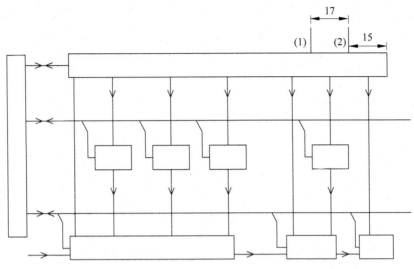

图 6.12　概略图 1 绘制步骤 10

（12）绘制如图 6.13 所示图形中的截面线（1）。用"多段线"画，然后对多段线进行拟和。

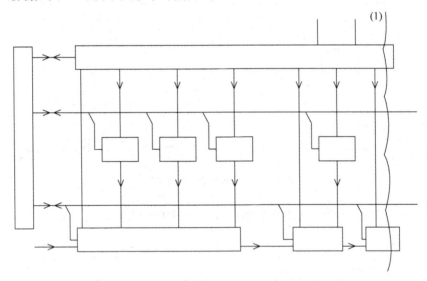

图 6.13　概略图 1 绘制步骤 11

（13）在画好的图中加入文字，如图 6.1 所示。

6.2.2　电气概略图的 CAD 实现

电气概略图中的各元件，如发电机、变压器、导线、开关、用电器等，流过的电流一般都是主电流或一次电流，这些设备又称为一次设备（注意：这里的"一次"不是指变压器的一次！）。所以，常见的电气概略图又特指一次设备或按一定次序连成的电气图，故又习惯称为一次电路图或主结线图。

绘制某小型企业供电电气系统的概略图，如图 6.14 所示。

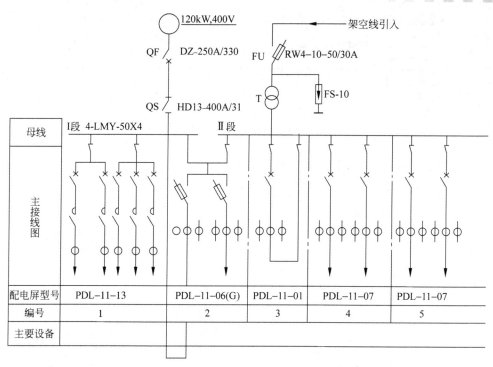

图 6.14　某小型企业供电电气系统概略图

[画图提示]

（1）观察图形，发现该图是由电气元件、触点和线段组成，因此，在绘图中可应用复制命令。

（2）在画一些元件时，可先绘制出元件图形，再通过移动、复制、镜像、旋转等编辑功能和对象捕捉的方法把它放到合适的位置。对初学者来说，应避免试图一次画到位的习惯，要灵活应用 CAD 中丰富的编辑功能，这样可以提高绘图效率和准确性。

（3）绘图时，应先把一条支路完整准确地画出来，然后根据相对位置用多重复制方法画出其他图形。

（4）对那些大致相同又略有不同的图形，应先用复制方法画出，再对其进行局部的调整和修改。

[操作步骤]

（1）设置绘图工作环境。

① 设置绘图区域：200,150。

② 设置极轴追踪：设置极轴角增量为 15 度，"极轴"状态按钮为打开状态。

③ 打开"对象捕捉"和"对象追踪"状态按钮。

（2）绘制如图 6.15 所示图形(1)、(2)。

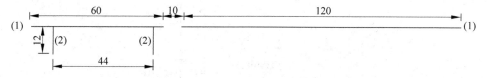

图 6.15　概略图 2 绘制步骤 1

(3) 绘制如图 6.16 所示图形中的(1)、(2)。

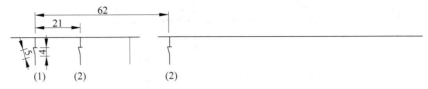

图 6.16　概略图 2 绘制步骤 2

(4) 绘制如图 6.17 所示图形(1)中的 3 条线。

(5) 绘制如图 6.18 所示图形,按下图所示画出(2)～(6)部分。

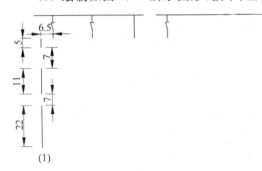

图 6.17　概略图 2 绘制步骤 3

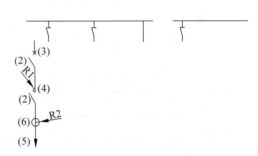

图 6.18　概略图 2 绘制步骤 4

(6) 绘制如图 6.19 所示图形中的(1)～(4)。

(7) 绘制如图 6.20 所示图形中的(1)～(6)。

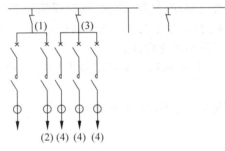

图 6.19　概略图 2 绘制步骤 5

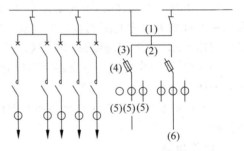

图 6.20　概略图 2 绘制步骤 6

(8) 绘制如图 6.21 所示图形中的(1)、(2)。

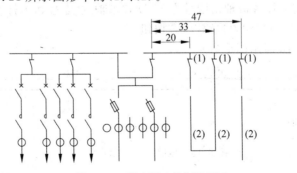

图 6.21　概略图 2 绘制步骤 7

　　画参考图 6.21 中所示画出其余线(2)时,用"对象追踪"和"对象捕捉"功能,把鼠标移到左边水平连接线的右端点,如图 6.22(a)所示。

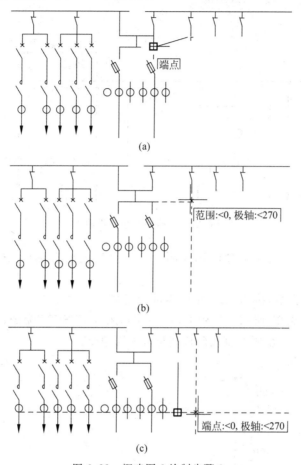

图 6.22　概略图 2 绘制步骤 8

出现捕捉到的端点后,水平向左移动鼠标,当如图 6.22(b)、(c)所示时,单击确定。

(9) 绘制如图 6.23 所示图形中的(1)~(3)。

用复制方法绘制触点、圆和箭头。

① 复制触点,把基点选在交叉线的交叉处,如图 6.23 复制绘出(1)。

② 复制圆,把基点选在中间圆与垂线的交点处,然后,水平向右移动鼠标,捕捉到与所连接垂线交点时,单击确定,如图 6.23 中的(2)。

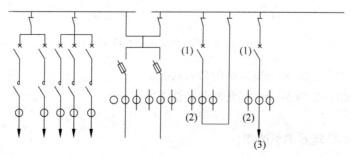

图 6.23　概略图 2 绘制步骤 9

③ 复制箭头时,把基点选在箭头的交叉处,如图 6.23 中的(3)。

(10) 用多重复制方法画出如图 6.24 所示图形(2),其中的间隔距离如图 6.24 所示。

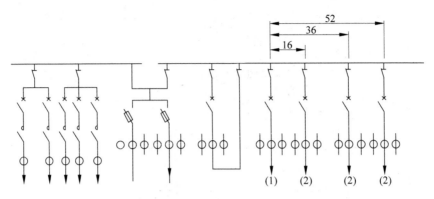

图 6.24 概略图 2 绘制步骤 10

① 用复制命令,在选择对象时选择图 6.24 中(1)的所有图形,选择支路的上端点为基点。

② 用多重复制方法,按图 6.24 中距离进行复制。

(11) 绘制如图 6.25 所示图形中的(1)～(6),用"OFFSET"命令,画图 6.25 中的直线(1)(用延伸命令把上一步画的直线延长到与水平线相交)。

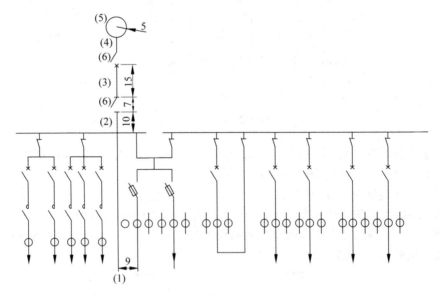

图 6.25 概略图 2 绘制步骤 11

(12) 绘制如图 6.26 所示图形中的(1)～(6)。

(13) 画出如图 6.14 所示的标题框并标注文字。

练习题:

画出如图 6.27 所示的概略图。

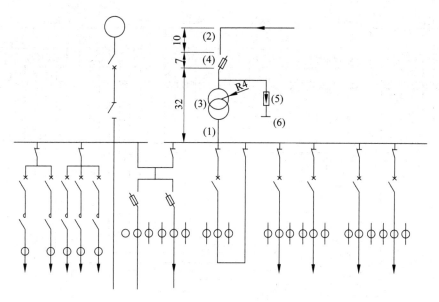

图 6.26 概略图 2 绘制步骤 12

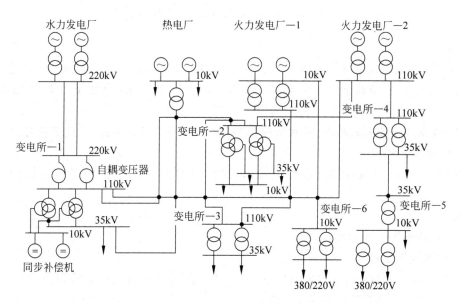

图 6.27 某电力系统概略图

6.2.3 接线图的 CAD 实现

接线图是反映电气装置或设备之间及其内部独立结构单元连接关系的接线文件,接线文件应当包含的主要信息是能够识别用于接线的每个连接点和接在这些连接点上的所有导线。因此,接线图的视图应能最清晰地表示出各个元件的端子位置及连接。

接线图不仅是电气产品和成套设备的安装配线生产工序中必备文件,对设备和装置的调试,检修也是不可缺少。绘制如图 6.28 所示的单元接线图。

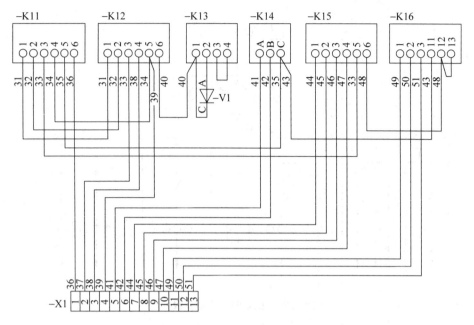

图 6.28　采用连续线的单元接线图示例

［画图提示］

（1）观察图形，发现该图形都是一些平行直线，似乎可以用"偏移"命令画最快，但由于直线要连接到正确位置上，因此，用"偏移"命令绘制直线，会使下一步的编辑非常繁杂。

（2）在本图中绘制直线时，应大量应用"对象追踪"和"对象捕捉"功能直接在画直线的过程中准确定位。

（3）用 AutoCAD 绘图时，应仔细看图，根据图形选择最佳操作，就可使图画得又快又好。

［操作步骤］

（1）设置绘图工作环境

① 设置绘图区域：200，150。

② 设置极轴追踪：设置极轴角增量为15°，"极轴"状态按钮为打开状态。

③ 打开"对象捕捉"和"对象追踪"状态按钮。

（2）绘制如图 6.29 所示图形。

（3）绘制如图 6.30 所示图形：先画圆（1），再用画等分点的方式绘制直线（2）中的圆。

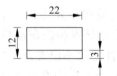

图 6.29　接线图绘制步骤 1

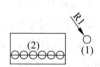

图 6.30　接线图绘制步骤 2

（4）绘制如图6.31所示图形,用"复制"命令,选择如图6.31中的（1）为复制对象,按图6.31中标出的距离,复制绘出（2）、（3）,画直线（4）。

（5）绘制如图6.32所示图形。

图6.31 接线图绘制步骤3　　　　　　图6.32 接线图绘制步骤4

（6）绘制如图6.33所示图形（2）～（5）。

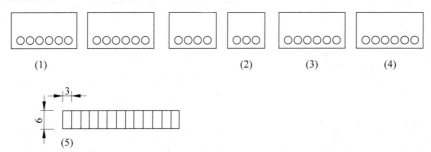

图6.33 接线图绘制步骤5

（7）绘制如图6.34所示图形。

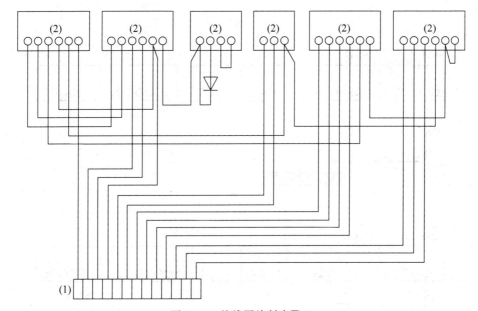

图6.34 接线图绘制步骤6

① 用"LINE"命令,按图示意画连接线,在接线端（1）处,捕捉矩形上边的中点,在上端接线端（2）处,捕捉圆心向下与圆周相交的点。

② 在画连接线中间的折线时,可用"对象追踪"和"对象捕捉"功能来确定点。

用"对象追踪"和"对象捕捉"方法画图6.35（a）连接线中间的折线的步骤示例如下。

① 用"LINE"命令画图 6.35(a)中直线(1),上端点捕捉圆心,下端点按图示位置确定,如图 6.35(a)所示。

② 继续画直线(2),在确定直线(2)的右端点时,用"对象追踪"和"对象捕捉"功能,把鼠标移到－K12 接线架的 2 号接线圆附近,出现捕捉到的圆心后(如图 6.35(b)所示),垂直向下移动鼠标,当显示端点与直线(1)的下端点在一条水平线时(如图 6.35(c)所示),单击确定。

③ 继续画直线(3),如图 6.35(d)所示,垂直向上移动鼠标,当出现捕捉到的-K12 接线架的 2 号接线圆圆心时,单击确定。

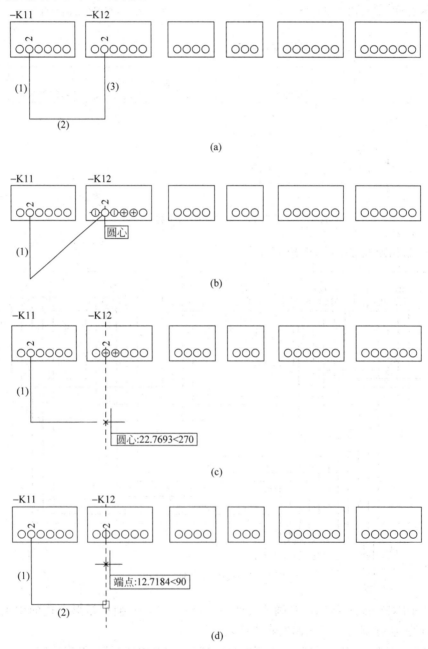

图 6.35   接线图绘制步骤 7

提示：用"对象追踪"和"对象捕捉"功能画连接线，整齐美观、方便快捷。

（8）绘制如图6.28所示图形中的二极管并标注文字。

6.2.4　电路图的 CAD 实现

电路图是用图形符号并按工作顺序排列，详细表示电路、设备或成套装置的全部基本组成和连接关系，而不考虑其实际位置的一种简图。这种图的主要用途是：用于了解实现系统、分系统、电器、部件、设备、软件等的功能，所需的实际元器件，及其在电路中的作用；详细表达和理解设计对象（电路、设备或装置）的作用原理，分析和计算电路特性；作为编制接线图的依据；为测试和寻找故障提供信息。

电路的布局应遵守以下原则。

① 电路垂直布置时，类似项目宜横向对齐；水平布置时，类似项目宜纵向对齐。

② 功能上相关项目应靠近绘制，以使关系表达得清晰。

③ 同等重要的并联通路应依主电路对称地布置。

④ 在某些情况下，为了把相应元件连接成对称的布局，也可采用斜的交叉线。

⑤ 电路图中电气连接线一般为水平布置或垂直布置，必要时可将某些线（如主电路、主信号通路连线）加粗，连接线的交叉、弯折一般应成直角，且应路径最短。

绘制电路图时，不必考虑其组成项目的实际尺寸、形状或位置。由于电路图是由元器件符号组成，因此，在用 AutoCAD 绘制电路图时，可采用建立图块的方式，把一些常用的电器图形符号建成图块，在绘制电路图的过程中，需要时将其插入，这样就可避免大量的重复工作，提高绘图效率。

绘制如图6.36所示的电路图。

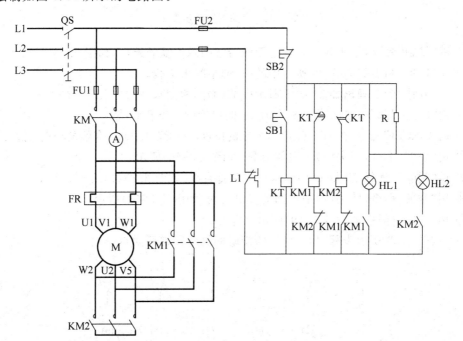

图 6.36　电路图示例

[画图提示]

（1）电路图的特点是有大量的电器元件重复出现，比较适合用 AutoCAD 建块、插入块的方法来绘制。

（2）对于相似的元件图形符号，可先复制已画好的元件符号，再用各种编辑命令根据各种元件的图形进行修改，这样可以提高绘图速度。

（3）若把元器件块建成外部图形块，就可以在画其他类似的电路时重复使用，大大提高了绘图效率。

[操作步骤]

（1）设置绘图区域：命令：'_limits(回车键)　200,200

（2）绘制如图 6.37 所示图形(1)～(7)。

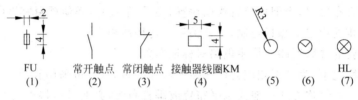

图 6.37　电路图绘制步骤 1

（3）按图 6.38 所示步骤，绘制时间继电器常闭触点(9)。

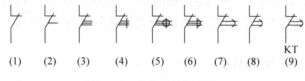

图 6.38　电路图绘制步骤 2

① 用"复制"命令，把步骤 1 画好的接触器常闭触点复制绘出，如图 6.38(1)所示。

② 在(1)中，画出如图 6.38 所示中的(2)的中间水平线。

③ 用"偏移"命令画出如图 6.38 所示中的(3)的两侧水平线。

④ 用"LINE"命令，在如图 6.38(4)所示的位置画一条垂直线。

⑤ 用"CIRCLE"命令，在如图 6.38(5)所示的位置，以垂线与中间一条线的交点为圆心画圆。

⑥ 用"修剪"命令，剪去(5)中左侧半圆，如图 6.38(6)所示。

⑦ 用"删除"命令，删去(6)中间水平线和垂直线，如图 6.38(7)所示。

⑧ 用"修剪"命令，剪去(7)中半圆周多出的线，如图 6.38(8)所示。

⑨ 加上文字标注，如图 6.38(9)所示。

（4）按图 6.39 所示步骤(1)～(5)，绘制时间继电器常开触点(6)。

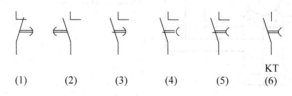

图 6.39　电路图绘制步骤 3

① 用"复制"命令,把已经画好的时间继电器常闭触点复制绘出,如图6.39(1)所示。

② 用"镜像"复制命令,改变触头方向,如图6.39(2)所示。

③ 用"镜像"复制命令,改变时间继电器触点标识方向,如图6.39(3)所示。

④ 用"镜像"复制命令,改变时间继电器触点标识中圆弧方向,如图6.39(4)所示。

⑤ 用"延伸"命令,延长直线到圆弧;如图6.39(5)所示。

⑥ 用"修剪"命令,剪去多余线段,如图6.39(6)所示。

(5) 按图6.40中所示(1)~(3)步骤绘制接触器主触点KM(4)。

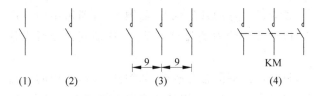

图6.40 电路图绘制步骤4

(6) 按如图6.41所示步骤(1)~(4),绘制热继电器FR。

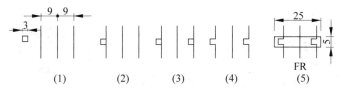

图6.41 电路图绘制步骤5

(7) 按如图6.42所示(1)~(6)步骤,绘制主开关(7)QS。

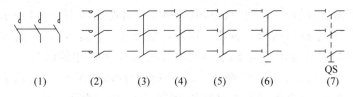

图6.42 电路图绘制步骤6

① 复制已画好的接触器主触点,如图6.42所示中的(1)。

② 用"旋转"命令,以中间线的下端点为基点旋转90°,如图6.42所示中的(2)。

③ 用"删除"命令,删除接触器主触点的弧形触头,如图6.42所示中的(3)。

④ 用"LINE"命令,画触头短线,如图6.42所示中的(4)。

⑤ 用"复制"命令,复制出另外两个触头短线,如图6.42所示中的(5)。

⑥ 用"LINE"命令,画出下面的一条短线,如图6.42所示中的(6)。

⑦ 把中间的线的线型改为虚线,用"延伸"命令把虚线延长到下面的短线,如图6.42所示中的(7)。

(8) 按图6.43所示步骤(1)~(4),绘制常闭按钮SB2(5)和常开按钮SB1(7)。

① 按图6.43所示中的(1)的尺寸画一个1×3的矩形。

② 用"分解"命令分解矩形,用"删除"命令删除右边直线,如图6.43所示中的(2)。

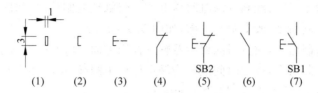

图 6.43　电路图绘制步骤 7

③ 把线型改为虚线,用"LINE"命令画出按钮中间的直线,如图 6.43 所示中的(3)。

④ 用"复制"命令,复制已画好的常闭触点,如图 6.43 所示中的(4)。

⑤ 用"移动"命令,以按钮直线右侧端点为基点,移动到常闭触点线的中点,如图 6.43 所示中的(5)。

⑥ 用"复制"命令,复制已画好的常开触点,如图 6.43 所示中的(6)。

⑦ 用"复制"命令,复制画好的按钮,以按钮直线右侧端点为基点,复制到常开触点线的中点,如图 6.43 所示中的(7)。

(9) 按图 6.44 所示步骤(1)~(5),绘制热继电器触点 FR(6)。

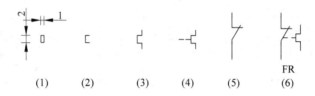

图 6.44　电路图绘制步骤 8

① 按图示尺寸画一个 1×2 的矩形,如图 6.44 所示中的(1)。

② 用"分解"命令分解矩形,用"删除"命令删除右边直线,如图 6.44 所示中的(2)。

③ 用"LINE"命令画出两边的直线。提示:先画出一条直线,用复制方法画出另一条线,这样画比较快捷并且能保证两条线一样长,如图 6.44 所示中的(3)。

④ 把线型改为虚线,用"LINE"命令,画出中间的直线,如图 6.44 所示中的(4)。

⑤ 用"复制"命令,复制画好的常闭触点,如图 6.44 所示中的(5)。

⑥ 用"移动"命令,以图 6.44(4)中直线左侧端点为基点,移动到常闭触点线的中点,如图 6.44 所示中的(6)。

(10) 把上面画出的有关图形建成内部块。

命令:_block

弹出如图 6.45(a)所示图形:

① "名称"下拉列表框:输入图块名称,如图 6.45(b)中所标元件名称。

② "基点"选项组。

在对话框的"基点"选项组中,用户可确定插入点的位置。通常用户可单击"拾取点"按钮,然后用十字光标在绘图区内选择一个点。

③ "对象"选项组。

用来选择构成图块的实体及控制实体显示方式。单击"选择对象"按钮,用户在绘图区内用鼠标选择构成图块的实体目标,单击鼠标右键或回车结束选择。

按上述 3 步操作后,单击"确定",则完成图块创建。

把步骤 1～8 所画的如图 6.45(b)所示电路元件符号,建成图形块。

注意：图块的名称按电路图中的文字标出,便于图块插入时辨认。

(a)

常闭触点KM　　常开触点KM　　　保险FU　　　指示灯HL

时间继电器　　　时间继电器　　　常开按钮SB1　　常闭按钮SB2
常开触点KT　　常闭触点KT

主开关QS　　热继电器FR　接触器主触点KM　接触器线圈KM　热继电
　　　　　　　　　　　　　　　　　　　　　　　　　器触点FR

(b)

图 6.45　电路图绘制步骤 9

(11) 用插入图块的方法画电路图

插入图块的操作命令：_insert

弹出如图 6.46 所示图形。

① 在"名称"选择框中,选择需要的已经建好的图形块。

② 单击"确定"按钮。

③ 在绘图区适当位置插入块。

按图 6.46(b)所示位置插入 4 个图块。

提示：在插入图块时应根据电路图中元件的相对位置布置元件,用"对象追踪"和"对象捕捉"功能,使图 6.46(b)中的图块(2)、(3)、(4)的 3 条垂直线相对应。

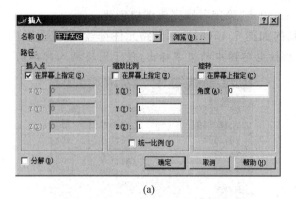

(a)

(b)

图 6.46　电路图绘制步骤 10

（12）如图 6.47，画 3 条水平线（1）～（3）。

（13）绘制图 6.48 中的（1）～（4）。

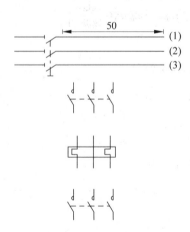

图 6.47　电路图绘制步骤 11

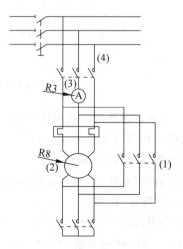

图 6.48　电路图绘制步骤 12

（14）绘制图 6.49 中的（1）～（7）。

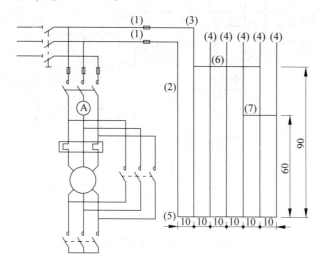

图 6.49　电路图绘制步骤 13

（15）绘制图 6.50。

提示：用"修剪"命令，剪掉多余线，绘制出如图 6.50 所示图形。

（16）按图 6.51 示意位置插入图块（1）～（10）。

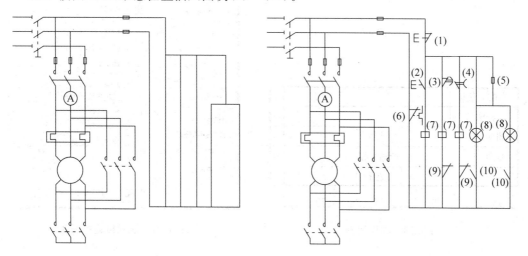

图 6.50　电路图绘制步骤 14　　　　　　图 6.51　电路图绘制步骤 15

（17）绘制图 6.52。按图 6.52 示意"修剪"掉多余线段。

提示：在用"修剪"命令之前，应先用"分解"命令，把上一步插入的图 6.51 所示中的（1）～（10）图块分解，然后，再用"修剪"命令把多余线剪掉。

（18）按图 6.36 示意标出文字，并加粗主回路线。

（19）绘制标题栏。

① 绘制如图 6.53 所示的标题栏。

② 以标题栏图形为对象建立外部块。

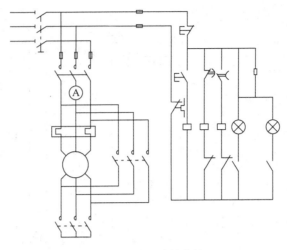

图 6.52 电路图绘制步骤 16

输入 Wblock 命令,以标题栏右下角为基点将其定义为外部块,参数设置如图 6.54 所示。

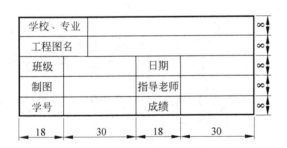

图 6.53 画标题框

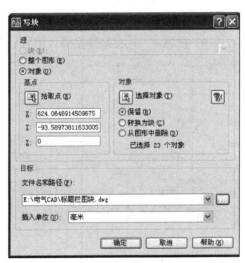

图 6.54 建立标题栏图块

注意:

① 使用 AutoCAD 进行绘图时,对于需要重复使用一些图形,可采用定义图块的方法完成,这样既节省了绘图时间又节省了存储空间。

② 使用 AutoCAD 进行绘图时,定义内部图块用 BLOCK 命令,该命令所定义的图块,只能在图块所在的当前图形文件中被使用,不能被其他图形文件使用。定义外部图块用 WBLOCK 命令,该命令执行后,系统将弹出"写块"对话框,完成有关设置后可将图块单独以图形文件的形式存盘,这样创建的图块可被其他文件插入和引用。

③ 在本例中,由于标题栏是需要重复被其他文件引用的对象,因此,把它定义为外部块。基点选择标题栏的右下角,对象选择标题栏图形,确定外部块的文件名和存入的路径。

（20）建立布局。

① 单击绘图窗口底部的"布局1"或"布局2"选项卡，系统弹出如图6.55所示的图纸布局界面。中间的实框是视口框，视口显示"模型"空间的图形，虚框是图纸的有效打印范围。

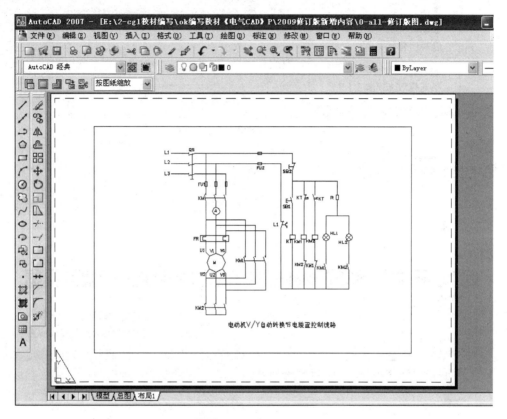

图 6.55　布局界面

② 把鼠标移到视口框内双击鼠标左键，则激活视口，进入视口的模型空间，此时可以像在模型空间一样对图形进行各种操作，例如使用 PAN 命令将图形拖到视口的中间位置，用 ZOOM 命令调整图形的显示比例等。把鼠标移到视口框外双击鼠标左键，则关闭视口的模型空间进入图纸空间，此时的操作是对图纸空间进行的。

③ 把鼠标放在"布局1"选项卡并单击右键，从弹出的快捷菜单中选择"页面设置管理器"选项，打开"页面设置管理器"对话框，如图6.56所示。

④ 单击"修改"按钮，打开"页面设置"对话框，如图6.57所示。在"页面设置"对话框里选择相应的参数，在"打印机/绘图仪"选项组的"名称"下拉列表中选择已安装好的打印机。在"打印样式表（笔指定）"下拉列表中选择 momochrome.ctb，这个打印样式表示打印出纯黑白图，在"图纸尺寸"下拉列表中选择所选打印机能支持的图纸大小，如 A3 或 A4 等。在"图纸方向"选项组中选"横向"或"纵向"单选按钮，其他选项采用默认值，单击"确定"按钮，关闭"页面设置"对话框。

⑤ 删除原来视口。把鼠标移到视口框外双击鼠标左键，关闭视口的模型空间进入图纸空间。选择视口矩形框，按"删除"按钮，删除原来的视口。

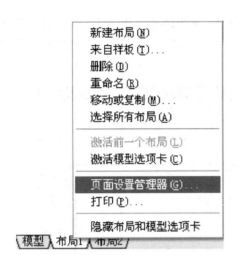

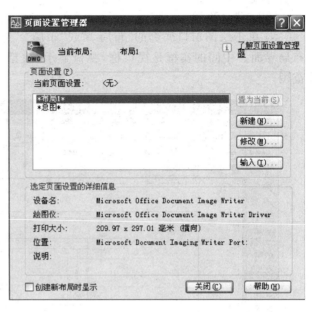

图 6.56　页面设置管理器

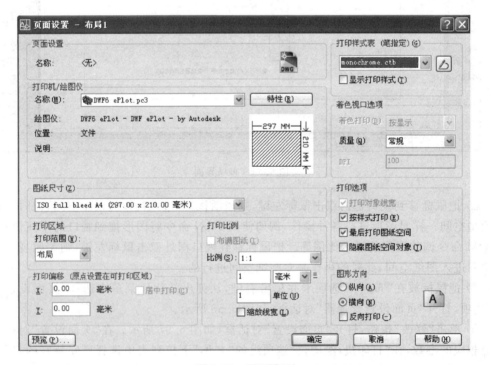

图 6.57　页面设置

⑥ 插入标题栏。单击"插入块"命令按钮,打开插入块对话框,如图 6.58 所示,单击"浏览"按钮,选择外部块"标题栏图块",单击"确定"按钮,插入点选择图纸右下角。

⑦ 建立带有标题栏的新视口。以标题栏右下角为顶点在打印区域内绘制矩形,选择"视图"|"视口"|"对象"命令,如图 6.59 所示。

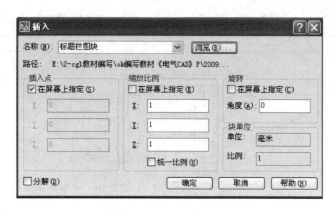

图 6.58 插入标题栏图块

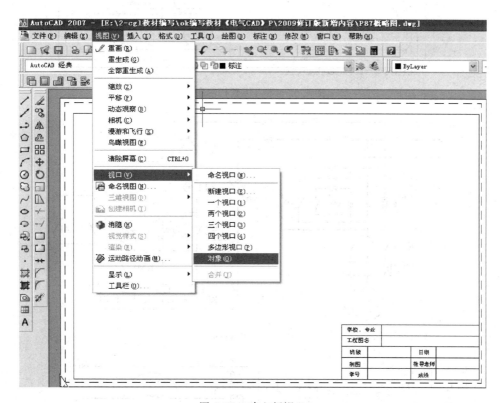

图 6.59 建立新视口

选择矩形框作为新的视口对象,单击右键结束选择。把鼠标移到视口框内双击鼠标,则激活视口,进入视口的模型空间,此时在模型空间建立的图形在视口中显示出来,用 PAN 命令将图形拖到视口的中间位置,用"实时缩放"按钮命令调整图形的大小到合适的显示比例。这样带有标题栏的新的布局就完成了,如图 6.60 所示。

练习题:

(1) 用建立图块的方法,绘制如图 6.61 所示电路图,并建立带有标题栏的布局。

(2) 绘制如图 6.62 所示电路图,并建立带有标题栏的布局。

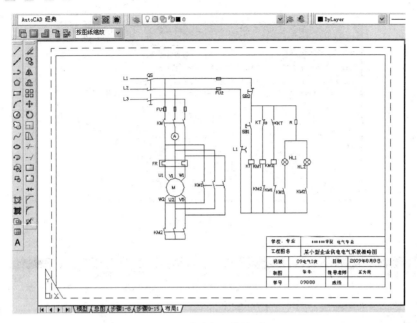

图 6.60 带有标题栏的布局

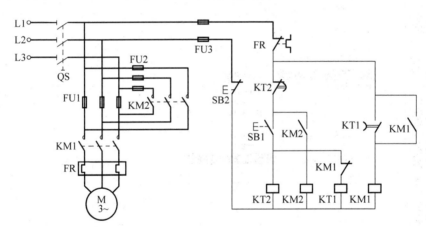

图 6.61 电路图

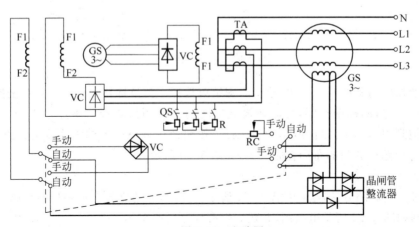

图 6.62 电路图

6.2.5　位置图的 CAD 实现

位置文件是借助于物件的简化外形、物件的主要尺寸和（或）它们之间的距离以及代表物件的符号来说明物体的相对位置或绝对位置和（或）尺寸的图形。绘制如图 6.63 所示的电气设备配置位置图。

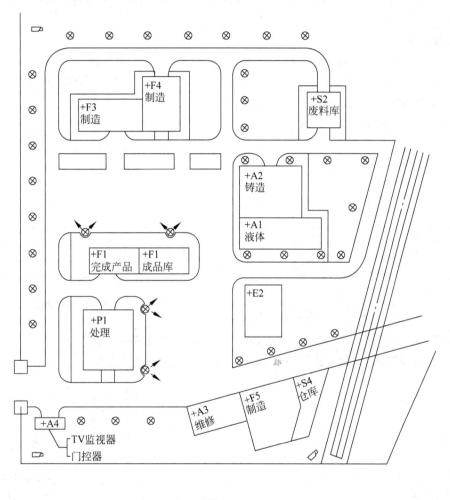

图 6.63　场地布置图示例

[画图提示]

（1）室外场地电气设备配置位置图是在建筑总平面图的基础上绘制出来的，在AutoCAD 中，通过分层绘制该图非常方便。作为综合训练，本书将按步骤完整地画出该图。

（2）仔细观察图形，发现虽然该图比较复杂，但其中也可应用 AutoCAD 所提供的丰富的操作功能和技巧来绘制。

（3）绘图时，可从中间的矩形开始绘制图形，然后根据相对位置画出其他图形。

（4）画图中的探照灯时，可先画一个探照灯并把它建块，再用等分插入该图块的方法（DIVIDE 命令），这样来绘制可大大提高绘图速度。

（5）由于图中的图形对象之间有许多是线性平行关系，因此，绘制本图时可大量运用偏移命令。

[操作步骤]

（1）进入 CAD 系统后先定义绘图区域，命令：'_limits　150,200。

（2）绘制如图 6.64 所示图形，画出直线(1)~(8)，用"OFFSET"偏移复制命令。

（3）绘制如图 6.65 所示图形，画出直线(1)~(5)。

提示：用"偏移"命令。

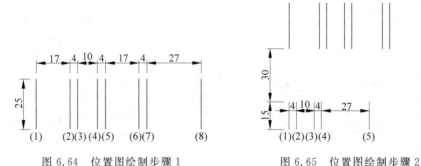

图 6.64　位置图绘制步骤 1　　　　　图 6.65　位置图绘制步骤 2

（4）绘制如图 6.66 所示图形，画出直线(1)~(5)，用"偏移"命令。

（5）绘制如图 6.67 所示图形，画出直线(1)~(4)，用"偏移"命令。

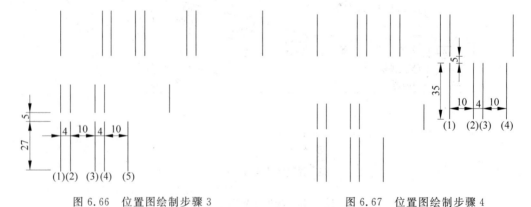

图 6.66　位置图绘制步骤 3　　　　　图 6.67　位置图绘制步骤 4

（6）绘制如图 6.68 所示图形，用"LINE"命令，连接直线端点画直线。

（7）绘制如图 6.69 所示图形，用命令" _fillet"倒圆角，注意修改圆角半径为 $R4$。

（8）绘制如图 6.70 所示图形，画出图中(1)~(6)。

（9）绘制如图 6.71 所示图形，画出(1)~(5)中的矩形。

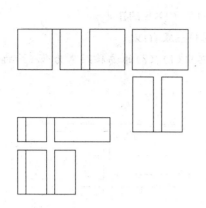

图 6.68　位置图绘制步骤 5

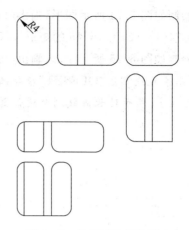

图 6.69　位置图绘制步骤 6

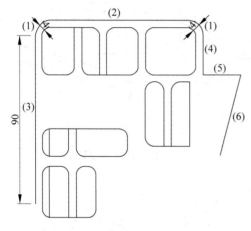

图 6.70　位置图绘制步骤 7

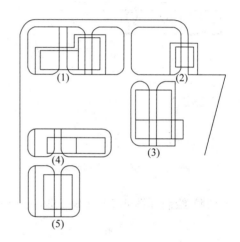

图 6.71　位置图绘制步骤 8

（10）绘制如图 6.72 所示图形，修剪掉矩形中多余的线。

（11）绘制如图 6.73 所示图形，画出（1）～（10）。

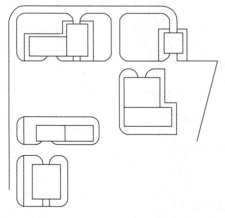

图 6.72　位置图绘制步骤 9

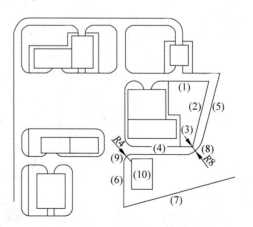

图 6.73　位置图绘制步骤 10

（12）绘制如图 6.74 所示图形，画出（1）～（3）三个矩形。

其中 6.74(1)、(2)为 16×5 的矩形，6.74(3)为 10×5 的矩形。

（13）绘制如图 6.75 所示图形，画出（1）～（3）三条直线。

提示：三条直线都用"OFFSET"命令画。其中（1）、（2）的偏移距离为 8，（3）的偏移距离为 4，并按图 6.75 所示延长直线到合适位置。

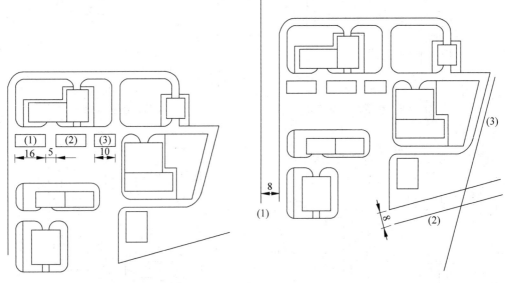

图 6.74　位置图绘制步骤 11　　　　　图 6.75　位置图绘制步骤 12

（14）绘制如图 6.76 所示图形，画出图形（1）～（5）。

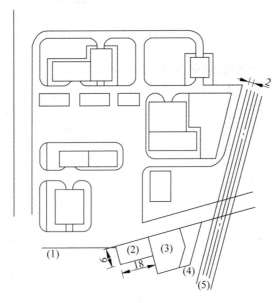

图 6.76　位置图绘制步骤 13

把如图 6.76 所示中的(5)中直线的线型改为点划线步骤。

① 在 AutoCAD 中：单击"菜单"|"格式"|"线型"按钮,弹出如图 6.77(a)所示对话框。

② 单击"加载"按钮,弹出如图 6.77(b)所示对话框。

③ 选择线型为 ACAD-ISO04W100,单击"确定"按钮,返回 AutoCAD 绘图区。

④ 在工具栏"对象特性"中的"线型"选项中,选择 ACAD-ISO04W100 线型,如图 6.77(c)所示。

(a)

(b)

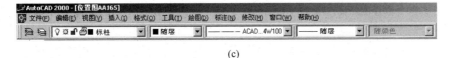

(c)

图 6.77 位置图绘制步骤 14

(15) 绘制如图 6.78 所示图形,画出直线(1)～(8)作为指示灯的辅助线。

(16) 绘制如图 6.79 所示图形,在画出的指示灯的辅助线上画指示灯。

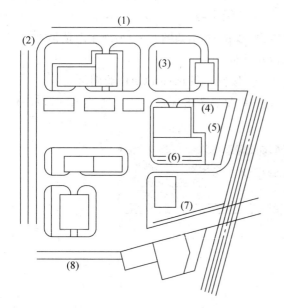

图 6.78 位置图绘制步骤 15

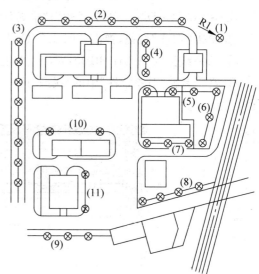

图 6.79 位置图绘制步骤 16

(17) 绘制如图 6.80 所示图形,删除指示灯的辅助线。

(18) 绘制如图 6.81 所示图形(1)～(10),按图 6.63 加上文字标注。

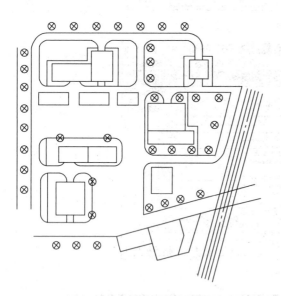

图 6.80 位置图绘制步骤 17

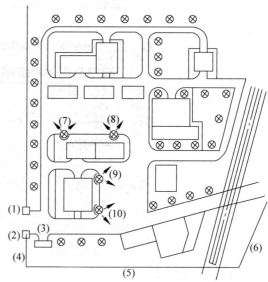

图 6.81 位置图绘制步骤 18

第7章 AutoCAD VBA开发技术

7.1 VBA 简介

从 AutoCAD R14.01 版开始，Autodesk 在 AutoCAD 中加入了 VBA(Visual Basic for Application)，作为 AutoCAD 的一种二次开发工具。VBA 将 AutoCAD 和 Visual Basic 的功能结合在一起，能够快速创建出符合用户要求的程序，大大提高用户的工作效率。VBA 提供了可与其他启用 VBA 的应用程序集成的应用程序。这意味着 AutoCAD 通过使用其他应用程序对象库，可用作其他应用程序(例如 Microsoft Word 或 Excel)的 Automation 控制程序。AutoCAD VBA 的开发使用 AutoCAD ActiveX 技术，这种技术使用户能够从 AutoCAD 的内部或外部以编程方式来操作 AutoCAD。

(1) 在 AutoCAD 中使用 ActiveX 接口具有两个优点。

① 更多的编程环境可以编程访问 AutoCAD 图形。在 ActiveX Automation 出现以前，开发人员只能使用 Auto LISP 或 C++接口。

② 与其他 Windows 应用程序(例如 Microsoft Excel 和 Word)共享数据变得更加容易。

(2) AutoCAD VBA 提供的二次开发技术的优点。

① 速度：当与 VBA 在同一进程空间中运行时，ActiveX 应用程序比 Auto LISP 和 ADS 应用程序运行速度快。

② 易于使用：其编程语言和开发环境易于使用，而且随 AutoCAD 安装。

③ Windows 互操作性：ActiveX 和 VBA 设计为与其他 Windows 应用程序共同使用，并为应用程序之间的信息交流提供了绝佳的途径。

④ 快速原型：VBA 的快速界面开发为原型应用程序开发提供了一个优良的环境。

⑤ 程序员基础：世界上有数百万的 Visual Basic 程序员。AutoCAD ActiveX 和 VBA 技术为这些程序员以及将来更多学习 Visual Basic 的人员打开了自定义 AutoCAD 和开发 AutoCAD 应用程序的途径。

(3) 基于 VBA 开发 AutoCAD 的应用程序能够完成下面的几种工作。

① 创建和编辑实体。作为计算机设计软件，AutoCAD 最主要的工作是完成设计目标并为下一阶段的实际制造提供参考。图纸仍然是其主要的工作产品，因而大部分的二次开发应用程序最终都要将结果用图形实体表现出来，这是 AutoCAD 二次开发的一个基础。

② 和用户交互。应用程序本身可以通过窗体或者命令行完成和用户交互。比较特殊

的是与图形相关的用户交互,例如提示用户选择一条多段线、输入一个整数、输入一个角度值等。

③ 利用队形特性来组织实体。AutoCAD作为一种CAD软件,其内在的特点决定了所有的图形实体不具有属性特征。也就是说,如果绘制一条直线作为一条道路,在AutoCAD中是无法标识出它是一条道路的,通常的解决方法是创建一个名为"道路"的图层,然后将所有代表道路的线都放在这个图层中进行统一管理。

④ 处理图形文件,在文件之间交换数据。在进行设计时,把所有的图形元素放在一个图形文件中并不总是个好主意,最常见的后果就是图形文件太大导致操作起来太慢。解决这个问题的办法就是按某种法则将图形元素分布到几个图形文件中,在需要的时候交换图形文件之间的数据。

⑤ 视图管理。在AutoCAD中绘图时,为了便于计算和观察图形,人们总是会很频繁地改变视图,例如缩放、平移或改变视点。而在开发VBA应用程序时,这方面的要求相对来说会低一点,一般只需在创建实体之后给出一个合适的观察角度即可。

⑥ 文字。在AutoCAD的基本图形元素中,文字是比较简单的一个,但是在实际使用中它的可变性最大。例如,不同类型的文字需要不同的文字样式,还有一些特殊的符号以及行为公差都是通过文字来表现的。

⑦ 管理块的属性。块是将若干个图形对象定义成一个组,在需要的地方可以多次引用它,这带来两个好处,一是减小图形的尺寸,二是修改起来方便,只需要修改块的定义便可以更新所有引用。块和属性结合起来使用,能够大大简化一些特定类型的设计工作。

⑧ 在三维空间工作。某些工作必须在三维空间中完成,例如机械零件的建模以及装配,或者处理三维建筑模型。三维空间中工作所要处理的一个主要问题是三维坐标系,计算机屏幕本身是一个二维的平面,要反映并操作三维的对象,必须借助于用户坐标系和视角的变化。

⑨ 响应AutoCAD中的事件。很多操作都会引发AutoCAD的事件,如用户创建、移动、双击、删除了某个实体,或者执行了一个命令、打开了一个图形等,使用这个特性能实现一些有趣的特性。填充图案和填充边界的关联就是通过事件响应来实现的。

⑩ 布局和打印操作。完全可以把布局看做是一张特定类型的图纸,AutoCAD的这种模型和布局分开的思想非常好,就如同现实生活中的一辆车可以从多个角度拍多张照片来表现它一样。

⑪ 扩展数据和扩展记录来标识实体。AutoCAD是一个非常纯粹的CAD软件,其中任何的实体都具有现实意义,但是它提供了扩展数据和扩展记录作为实体属性的附加机制。通过这两种手段,可以给某条直线追加一个"属性",比如为直线增加一个"输电线"的"名称",或者为闭合多段线设置一个"公园"的"名称"等。

⑫ 访问文件和数据库。CAD程序与文件和数据库打交道非常平常,因为CAD程序中经常有一些数据不方便保存在图形文件中。如果要创建一个标准零件库,就可以在数据库中保存零件库的数据,在创建零件的时候访问数据库读取其特征数据,然后在AutoCAD中创建该零件对应的图形元素即可。

⑬ 和Office程序交换数据。某些情况下仅靠图纸还不能很好的说明问题,或者还需要使用Excel对图形中的某些对象作一个统计,那么就必须同Office程序交换数据。

⑭ 使用 Windows API（Windows 应用程序编程接口）增强程序功能。VBA 的语法是基于 Visual Basic 6.0 的，并且在可以使用的对象上仅包含了 Visual Basic 6.0 的一部分，所幸 VBA 仍然可以访问 Windows API，能通过 Windows API 来实现一些 VBA 基本对象无法实现的功能。

⑮ VBA 应用程序的发布。编程者大多情况下恐怕不是程序的最终使用者，那么程序编写完成后总要以一种合适的方式发布到使用者的计算机上才行，因此就避免不了学习 VBA 应用程序的发布。

⑯ 其他方面的操作。如将 VBA 程序移植到 Visual Basic 上、使用 DLL 来保护源代码的安全、使用 Object DBX 等，当学习深入到一定程度之后，就会感觉这些知识非常有用。

（4）用 AutoCAD VBA 开发。

VBA 通过 AutoCAD ActiveX Automation 接口向 AutoCAD 发送信息。AutoCAD VBA 允许 Visual Basic 环境与 AutoCAD 同时运行，并通过 ActiveX Automation 接口提供对 AutoCAD 的编程控制。这样就把 AutoCAD、ActiveX Automation 和 VBA 紧密连结在一起，提供一个非常强大的接口。它不仅能控制 AutoCAD 对象，也能向其他应用程序发送数据或从中提取数据。

把 VBA 集成到 AutoCAD 为自定义 AutoCAD 提供了一种易于使用的可视化工具。例如，用户可以创建一个应用程序，用于自动提取属性信息，把结果直接插入 Excel 电子数据表并执行所需的任意数据转换。

AutoCAD 中的 VBA 编程由三个要素定义。

第一个是 AutoCAD 本身，它提供了全面的对象，包括 AutoCAD 图元、数据和命令。AutoCAD 是一个具有多层次接口的开放式应用程序，要有效地使用 VBA，就必须非常熟悉 AutoCAD 的编程特性。但是，VBA 基于对象的方法和 AutoLISP 的不一样。

第二个要素是 AutoCAD ActiveX Automation 接口，它与 AutoCAD 对象进行信息传递（通讯）。用 VBA 编程需要对 ActiveX Automation 有基本的了解。

第三个要素是 VBA 本身。它有自己的一套对象、关键字和常量等的集合，用于提供程序流、控制、调试和执行。AutoCAD VBA 包括 Microsoft 关于 VBA 的扩展帮助系统。

7.2 开发 VBA 的一般过程

本节将通过一个简单实例讲解开发 AutoCAD VBA 应用程序的一般过程。运行这个实例，会弹出一个询问是否在 AutoCAD 的图形窗口中显示文字"AutoCAD VBA!"的对话框，如果用户单击"是"按钮确认，就会在图形窗口中显示"AutoCAD VBA!"的文字。

要开发 AutoCAD VBA 应用程序，必须先建立一个 AutoCAD VBA 工程项目，然后再进行编程和调试，最后保存。

实现消息提示对话框，可以直接使用 VBA 的内置函数 MsgBox，按照其语法格式制定其相应的参数即可。本例中的语句为：

```
Value = MsgBox("是否在图形窗口显示文字?",vbYesNo,"用户选择")
```

其中第一个参数为在消息提示对话框中要显示的提示信息,第二个参数指定消息对话框具有 Yes 与 No 两个命令按钮,第三个参数指定消息对话框的标题文字"用户选择"。

在 AutoCAD 图形窗口中显示文字"AutoCAD VBA!",可以使用 AddText 方法,本例使用的程序语句为:

```
ThisDrawing.ModelSpace.AddText "AutoCAD VBA!",pt,100
```

其中 ThisDrawing 为当前应用程序工程对象,ModelSpace 为模型空间对象,第 1 个参数为要在图形窗口中显示的文字"AutoCAD VBA!",第 2 个参数 pt 指定文字在图形窗口中的显示位置坐标,第 3 个参数 100 指定文字的高度。

下面是具体的实现步骤。

(1) 在 AutoCAD 的环境中,选择"工具"|"宏"|"VBA 管理器"命令,系统会弹出"VBA 管理器"对话框。默认情况下,初次打开此对话框,工程列表中已经包含了 1 个工程。如果工程列表框为空,单击"新建"按钮,就能在当前图形中新建一个名称为 ACADProject 的全局工程,如图 7.1 所示。

(2) 在"工程"列表框中选择 ACADProject,单击"VBA 管理器"对话框中的"另存为"按钮,系统弹出"另存为"对话框。在对话框的保存位置下拉列表中指定工程文件的保存位置文件夹,如图 7.2 所示,然后单击"保存"按钮,关闭"另存为"对话框。

图 7.1　新建工程

图 7.2　保存工程文件

(3) 在"工程"列表框中选择 ACADProject,单击"Visual Basic 编辑器"按钮,进入 AutoCAD VBA 的集成开发环境,如图 7.3 所示。在 VBA 集成开发环境的左侧,分布着"工程资源管理器"和"属性"窗口,"工程资源管理器"窗口显示了当前打开的工程名称,以及该工程的文件结构。

(4) 在"工程资源管理器"窗口中选择 ThisDrawing,选择"视图"|"代码窗口"命令,或者直接双击 ThisDrawing,系统会弹出如图 7.4 所示的代码窗口。当前的代码窗口没有任何的语句,以后会为其添加需要的语句。

(5) 在 VBA 集成开发环境中,选择"插入"|"过程"命令,系统会弹出如图 7.5 所示的"添加过程"对话框。在"名称"文本框中输入"WelcomeVBA",在"类型"选项区域中选择"子程序"单选按钮,在"范围"选项区域中选择"公共的"单选按钮,单击"确定"按钮。

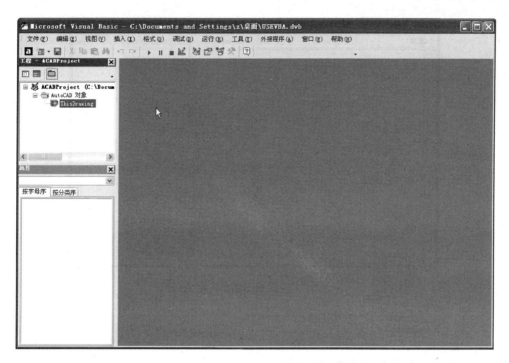

图 7.3 AutoCAD VBA 集成开发环境

图 7.4 AutoCAD VBA 代码窗口

图 7.5 添加子程序

(6) 完成上一步骤的操作后,在 ThisDrawing 模块的代码中,就完成了 WelcomeVBA 子程序的定义,如图 7.6 所示。当然在上一步骤中还可以在代码区窗口中直接输入子程序定义的头部:"Public Sub WelcomeVBA()",然后按 Enter 键,系统会自动补全剩下的子程序"End Sub"。

(7) 完成子程序的程序代码。如果是按照以上第 5 步进行的方式,系统会弹出一个对话框,询问用户是否要在代码窗口添加程序代码语句,若单击"是"按钮,就可以添加程序语句了。在 WelcomeVBA 子程序中添加下面的程序代码:

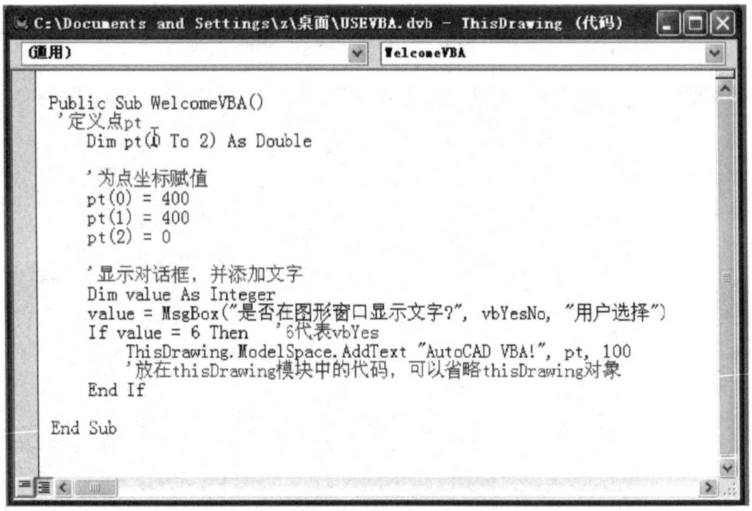

图 7.6　完成子程序的定义

```
Public Sub WelcomeVBA( )
    '定义点 pt
    Dim pt(0 To 2) As Double
        '为点坐标赋值
    pt(0) = 400
    pt(1) = 400
    pt(2) = 0
        '显示对话框,并添加文字
    Dim value As Integer
    value = MsgBox("是否在图形窗口显示文字?", vbYesNo, "用户选择")
    If value = 6 Then    '6 代表 vbYes
        ThisDrawing.ModelSpace.AddText "AutoCAD VBA!", pt, 100
        '放在 thisDrawing 模块中的代码,可以省略 thisDrawing 对象
    End If
End Sub
```

（8）此时程序代码的编程已经完成,单击"标准"工具栏上的"保存"按钮,将当前的工程文件保存到指定的文件夹中。

（9）在 VBA 集成开发环境中,按 F5 键,系统会弹出"宏"对话框(如果当前仅使用了一个宏,则不会弹出该窗口,而是直接执行该宏),在其中选择名称为 WecomeVBA 的宏,单击"运行"按钮,就能运行该工程。

（10）当开始运行后,切换到 AutoCAD 主程序窗口中,弹出消息提示对话框,如图 7.7 所示。

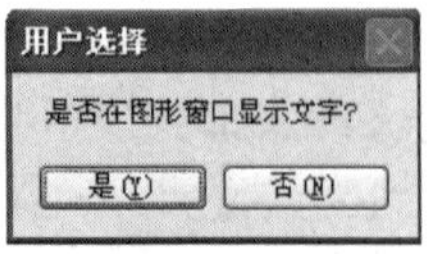

（11）单击消息对话框中的"是"按钮,程序会继续运行,并且在运行完毕之后返回 VBA 开发窗口。在 Windows 任务栏上单击 AutoCAD 主程序图标,切换到图形编辑窗口,显示如图 7.8 所示的结果。

图 7.7　消息框

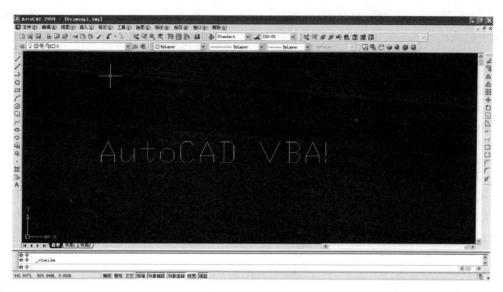

图 7.8　程序运行结果

7.3　使用 VBA 制作工程样板

在 AutoCAD 中,通过定制可以创建样板图形,作为新图形创建的基础。此外,使用 VBA 同样能够创建功能更为完善的样板。只不过,这里所说的样板实际上是每次执行程序时创建所需要的对象,而定制所得到的样板则是将这些信息保存在样板文件中。

通过 VBA 创建工程样板程序,能够完成绘图环境和对象特性的一系列设置,并且在图形中添加图框。

创建图形样板首先需要设置绘图单位和图形界限、文字样式、图层和线型,还要创建符合要求的图框。在此程序中,将要进行两大步骤的工作。

① 设置绘图环境和对象特性,这些工作都由固定的属性和方法来实现。

② 创建图框。可以分为三个步骤,创建组成图框的线,创建文字对象,调整文字的位置。在进行方案的比较之后,本程序创建了在矩形框内创建文字的函数,将后两个步骤合并,并且有效地控制了变量的数量。

工程样板程序的主要制作步骤如下。

(1) 在 AutoCAD 中,打开"VBA 管理器"对话框,创建一个新工程,保存在适当的文件夹中,进入 VBA 集成开发环境。选择"插入"|"用户窗口"命令,向程序中添加一个用户窗体,在窗体中放置控件,如图 7.9 所示。

图 7.9　在窗体中添加控件

窗体中各个文本框的名称分别修改为 txtDwgName、txtDwgScale、txtDwgserial、txtDesigner、txtDesignDate、txtAudit、txtAuditDate 和 txtDesigncorp,两个命令按钮的名称分别修改为 cmdOK 和 cmdCancel。

（2）选择"插入"|"模块"命令，向程序中添加一个标准模块，在其中加入公有变量的声明和宏的代码：

```
Option Explicit
Public DataType(0 To 1) As Integer
Public Data(0 To 1) As Variant
Sub UseTemplate()
    Form1.Show
End Sub
```

之所以声明 DataType 和 Data 两个公有的数组，是为第 3 步的两个公有函数使用。

（3）在当前的标准模块中，添加两个公有函数 DrawTextRec 和 SetXdata。前者用于在给定的矩形区域内创建文字，文字放置在矩形的中心，后者用于给指定的文字对象添加扩展数据。两个函数的定义代码为：

用于在给定的矩形区域内创建文字，文字放置在矩形的中心

```
Public Function DrawTextRec(ByVal ptinsert As Variant, ByVal strText As String, ByVal height
As Double,ByVal widthRec As Double, ByVal heightRec As Double) As AcadText
    Dim objText As AcadText
    Dim ptTemp(0 To 2) As Double
    ptTemp(0) = ptinsert(0) + widthRec / 2
    ptTemp(1) = ptinsert(1) + heightRec / 2
    ptTemp(2) = ptinsert(2)
```

调整文字的对齐方式

```
Set objText = ThisDrawing.ModelSpace.AddText(strText, ptTemp, height)
    objText.Alignment = acAlignmentMiddleCenter
    objText.TextAlignmentPoint = ptTemp
    objText.Update
    Set DrawTextRec = objText
  End Function
```

添加扩展数据的函数

```
Public Function SetXdata(ByVal objText As AcadText, ByVal strText As String)
    DataType(0) = 1001: Data(0) = "Template"
    DataType(1) = 1000: Data(1) = strText
    objText.SetXdata DataType, Data
End Function
```

文字对象在使用 Alignment 属性之后，必须重新调整其对齐点。

需要注意的是，文字对象使用 Alignment 属性之后，如果对齐方式为 acAlignmentLeft，需要使用 InsertionPoint 属性来重新放置文字；如果对齐方式为 acAlignmentAligned 或者 acAlignmentFit，需要使用 InsertionPoint 和 TextAlignmentPoint 属性来重新放置文字；如果对齐方式为其他种类，需要使用 TextAlignmentPoint 属性来重新放置文字。

（4）本程序所有的关键代码均在窗体单击"确定"按钮完成，其实现代码为：

```
        Private Sub cmdOk_Click()
            On Error Resume Next
            '确保文本框不为空
            Dim txt As Control
            For Each txt In Form1.Controls
                If TypeOf txt Is TextBox Then
                    If txt.text = "" Then
                        MsgBox "参数不能为空!", vbCritical
                        Exit Sub
                    End If
                End If
            Next txt
```

绘图单位和图形界限的设置

修改图形界限

```
    Dim newLimits(0 To 3) As Double
    newLimits(0) = 0# : newLimits(1) = 0# : newLimits(2) = 420# : newLimits(3) = 297#
    ThisDrawing.Limits = newLimits
```

显示栅格点

```
    Dim curViewport As AcadViewport
    Set curViewport = ThisDrawing.ActiveViewport
    curViewport.SetGridSpacing 10# , 10#        '设置栅格间距
    curViewport.GridOn = True
    ThisDrawing.ActiveViewport = curViewport
```

十字光标大小和自动保存时间

```
    ThisDrawing.Application.Preferences.Display.CursorSize = 100
    ThisDrawing.Application.Preferences.OpenSave.AutoSaveInterval = 20
```

新的文字样式

```
    Dim txtStyle As AcadTextStyle
    Set txtStyle = ThisDrawing.TextStyles.Add("Template")
    Dim typeFace As String
    Dim Bold As Boolean
    Dim Italic As Boolean
    Dim charSet As Long
    Dim PitchandFamily As Long
```

只改变字体，其他参数保持不变

```
txtStyle.GetFont typeFace, Bold, Italic, charSet, PitchandFamily
txtStyle.SetFont "宋体", Bold, Italic, charSet, PitchandFamily
ThisDrawing.ActiveTextStyle = txtStyle
```

线型相关的设置
加载需要的线型：CENTER 线型和 HIDDEN 线型

```
    Dim entry As AcadLineType
    Dim found As Boolean
        found = False
    For Each entry In ThisDrawing.Linetypes
```

```
            If StrComp(entry.name, "CENTER") = 0 Then
                found = True
                Exit For
            End If
        Next
        If Not (found) Then ThisDrawing.Linetypes.Load "CENTER", "acadiso.lin"
        found = False
        For Each entry In ThisDrawing.Linetypes
            If StrComp(entry.name, "HIDDEN") = 0 Then
                found = True
                Exit For
            End If
        Next
        If Not (found) Then ThisDrawing.Linetypes.Load "HIDDEN", "acadiso.lin"
```

```
    '创建图框
    '外图框
```

```
Dim ptVer1(0 To 2) As Double, ptVer2 As Variant
    ptVer1(0) = 0: ptVer1(1) = 0: ptVer1(2) = 0
    ptVer2 = GetPoint(ptVer1, 420, 297)
    AddRectangle ptVer1, ptVer2, 0.5
```

计算所有关键点的位置（关键点均为文字框的左下角点）

```
    Dim pt(1 To 12) As Variant
    pt(1) = GetPoint(ptVer1, 385, 24)
    pt(2) = GetPoint(pt(1), 15, 0)
    pt(3) = GetPoint(pt(1), -125, -8)
    pt(4) = GetPoint(pt(3), 125, 0)
    pt(5) = GetPoint(pt(4), 15, 0)
    pt(6) = GetPoint(pt(3), 0, -8)
    pt(7) = GetPoint(pt(6), 15, 0)
    pt(8) = GetPoint(pt(7), 25, 0)
    pt(9) = GetPoint(pt(6), 0, -8)
    pt(10) = GetPoint(pt(9), 15, 0)
    pt(11) = GetPoint(pt(10), 25, 0)
    pt(12) = GetPoint(pt(11), 20, 0)
```

绘制内部分隔线

```
    Dim ptTemp1 As Variant
    ptTemp1 = GetPoint(pt(9), 0, 32)
    '线条宽度为0.3
    AddLWPlineSegRela ptTemp1, 0, -32, 0.3
    AddLWPlineSegRela ptTemp1, 160, 0, 0.3
    '线条宽度为0.2
    '水平线条
    AddLWPlineSegRela pt(1), 35, 0, 0.2
    AddLWPlineSegRela pt(3), 160, 0, 0.2
    AddLWPlineSegRela pt(6), 60, 0, 0.2
    '垂直线条
    AddLWPlineSegRela pt(10), 0, 16, 0.2
    AddLWPlineSegRela pt(11), 0, 16, 0.2
    AddLWPlineSegRela pt(12), 0, 16, 0.2
    AddLWPlineSegRela pt(4), 0, 16, 0.2
    AddLWPlineSegRela pt(5), 0, 16, 0.2
```

```
添加图框文字

    Dim objText As AcadText
    Set objText = DrawTextRec(pt(1), "比例", 4, 15, 8)
    Set objText = DrawTextRec(pt(2), txtDwgScale.text, 4, 20, 8)
    SetXdata objText, "Scale"
    Set objText = DrawTextRec(pt(3), txtDwgName.text, 8, 125, 16)
    SetXdata objText, "DwgName"
    Set objText = DrawTextRec(pt(4), "编号", 4, 15, 8)
    Set objText = DrawTextRec(pt(5), txtDwgSerial.text, 4, 20, 8)
    SetXdata objText, "DwgSerial"
    Set objText = DrawTextRec(pt(6), "制图", 4, 15, 8)
    Set objText = DrawTextRec(pt(7), txtDesigner.text, 4, 25, 8)
    SetXdata objText, "Designer"
    Set objText = DrawTextRec(pt(8), txtDesignDate.text, 4, 20, 8)
    SetXdata objText, "DesignDate"
    Set objText = DrawTextRec(pt(9), "审核", 4, 15, 8)
    Set objText = DrawTextRec(pt(10), txtAudit.text, 4, 25, 8)
    SetXdata objText, "Audit"
    Set objText = DrawTextRec(pt(11), txtAuditDate.text, 4, 20, 8)
    SetXdata objText, "AuditDate"
    Set objText = DrawTextRec(pt(12), txtDesignCorp.text, 5, 100, 16)
    SetXdata objText, "DesignCorp"
    End
End Sub
```

设置图形界限使用的是 Limits 属性，它接受的是一个 Double 类型的 4 元素数组，分别表示左下角点和右上角点的 X、Y 坐标。

文字样式的 GetFont 方法能够获得当前文字样式的主要参数，使用 SetFont 方法则能够设置当前的文字样式，两者配合使用可以改变当前文字样式的字体。

加载线型之前，需要判断当前的线型列表中是否包含所要加载的线型，使用 StrComp 函数来判断两个字符串是否相同。

创建图框分隔线时，使用了一个自定义函数 AddLWPlineSegRela。该函数根据一个基点和另外一点的相对位置绘制多段线，这样能够减少一个变量的定义。

AddLWPlineSegRela 函数的定义代码为：

```
根据一个基点和另外一点的相对位置绘制多段线

   Public Function AddLWPlineSegRela(ByVal ptSt As Variant, ByVal x As Double, ByVal y As Double,
Optional width As Double = 0) As AcadLWPolyline
    Dim ptEn As Variant
    ptEn = GetPoint(ptSt, x, y)

    Set AddLWPlineSegRela = AddLWPlineSeg(ptSt, ptEn, width)
End Function
```

```
'创建多段线
'创建轻量多段线(只有两个顶点的直线多段线)
```

```
Public Function AddLWPlineSeg(ByVal ptSt As Variant, ByVal ptEn As Variant, Optional width As
Double = 0) As AcadLWPolyline
    Dim objPline As AcadLWPolyline
    Dim ptArr(0 To 3) As Double
    ptArr(0) = ptSt(0)
    ptArr(1) = ptSt(1)
    ptArr(2) = ptEn(0)
    ptArr(3) = ptEn(1)
    Set objPline = ThisDrawing.ModelSpace.AddLightWeightPolyline(ptArr)
    objPline.ConstantWidth = width
    objPline.Update
    Set AddLWPlineSeg = objPline
End Function
```

(5) 在 VBA 集成开发环境中, 按 F5 键执行程序, 在 AutoCAD 图形窗口中会弹出"工程样板"对话框, 如图 7.10 所示。

(6) 在"工程样板"对话框中输入相应的内容, 单击"确定"按钮, 在图形窗口中所得结果如图 7.11 所示。

图 7.10 程序运行界面

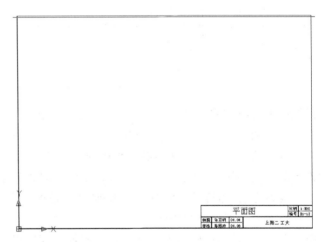

图 7.11 创建工程样板图形的结果

7.4 创建电气元件

本节介绍使用 VBA 编程, 创建电气元件图形, 运行界面如图 7.12 所示。用户可以从"电气元件名称"列表框中选择需要绘制的电气元件名称, 单击"绘制"按钮就能在 AutoCAD 图形窗口中绘制相应的电气元件图形了。

下面是 VBA 制作步骤。

(1) 在 AutoCAD 中, 打开"VBA 管理器"对话框, 新建一个工程, 保存在适当的位置, 进入 VBA 集成开发环境。

(2) 选择"插入"|"用户窗体"命令, 向程序中添加一个用户窗体, 并在窗体中放置如图 7.13 所示的控件。

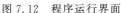

图 7.12　程序运行界面

图 7.13　添加窗体控件

窗体的名称修改为 Form1,列表框的名称修改为 Lstname,2 个命令按钮的名称分别修改为 cmdOK 和 cmdCancel。

(3) 在"工程资源管理器"窗口中双击"ThisDrawing",打开其代码窗口,在其中添加宏的启动代码:

```
Sub ReadWrite()
      Form1.Show
End Sub
```

(4) 选择"插入"|"模块"命令,向程序中添加一个标准模块,并在模块的代码窗口中添加如下绘制矩形和多段线的函数子程序:

创建矩形

```
Public Function AddRectangle(ByVal pt1 As Variant, ByVal pt2 As Variant, Optional width As Double)
As AcadLWPolyline
    Dim ptArr(7) As Double
    Dim objPline As AcadLWPolyline
    '错误处理
    If pt1(0) = pt2(0) Or pt1(1) = pt2(1) Then
        MsgBox "创建矩形失败!"
        Exit Function
End If
    '计算矩形四个顶点的坐标
    ptArr(0) = MinDouble(pt1(0), pt2(0)): ptArr(1) = MaxDouble(pt1(1), pt2(1))
    ptArr(2) = MinDouble(pt1(0), pt2(0)): ptArr(3) = MinDouble(pt1(1), pt2(1))
    ptArr(4) = MaxDouble(pt1(0), pt2(0)): ptArr(5) = MinDouble(pt1(1), pt2(1))
    ptArr(6) = MaxDouble(pt1(0), pt2(0)): ptArr(7) = MaxDouble(pt1(1), pt2(1))
    '绘制矩形
    Set objPline = ThisDrawing.ModelSpace.AddLightWeightPolyline(ptArr)
    objPline.ConstantWidth = width
    objPline.Closed = True
    Set AddRectangle = objPline
End Function
```

创建轻量多段线（只有两个顶点的直线多段线）

```
Public Function AddLWPlineSeg(ByVal ptSt As Variant, ByVal ptEn As Variant, ByVal width As Double)
As AcadLWPolyline
    Dim objPline As AcadLWPolyline
    Dim ptArr(0 To 3) As Double
    '确定多段线起始点和结束点坐标
    ptArr(0) = ptSt(0)
    ptArr(1) = ptSt(1)
    ptArr(2) = ptEn(0)
    ptArr(3) = ptEn(1)
    Set objPline = ThisDrawing.ModelSpace.AddLightWeightPolyline(ptArr)
    objPline.ConstantWidth = width
    objPline.Update
    Set AddLWPlineSeg = objPline
End Function
```

返回两个 Double 类型变量的最小值

```
Public Function MinDouble(ByVal a As Double, ByVal b As Double) As Double
    If a > b Then
        MinDouble = b
    Else
        MinDouble = a
    End If
End Function
```

返回两个 Double 类型变量的最大值

```
Public Function MaxDouble(ByVal a As Double, ByVal b As Double) As Double
    If a > b Then
        MaxDouble = a
    Else
        MaxDouble = b
    End If
End Function
```

（5）窗体的初始化事件，用于在列表框中显示电气元件的名称，其实现代码为：

```
Private Sub UserForm_Initialize()
    '在列表框中添加电气元件名称
Lstname.AddItem "接触器"
    Lstname.AddItem "热继电器"
    Lstname.AddItem "继电器"
    Lstname.AddItem "触点"
    Lstname.AddItem "电机"
    Lstname.AddItem "保险"
End Sub
```

（6）单击"绘制"按钮，根据用户从"电气元件名称"列表框中选择的电气元件名称，在图形窗口中绘制该电气元件对象，其实现代码为：

```
Private Sub cmdOK_Click()
  Dim strTemp As String
```

定义图形各定点坐标数组变量

```
Dim pt1#(0 To 2), pt2#(0 To 2)
  Dim pt3#(0 To 1), pt4#(0 To 1), pt5#(0 To 1), pt6#(0 To 1)
  Dim p1#(0 To 1), p2#(0 To 1), p3#(0 To 1)
  Dim p4#(0 To 1), p5#(0 To 1), p6#(0 To 1)
  Dim p7#(0 To 1), p8#(0 To 1), p9#(0 To 1)
  Dim p10#(0 To 1), p11#(0 To 1), p12#(0 To 1)
  Dim p13#(0 To 1), p14#(0 To 1), p15#(0 To 1)
  Dim p16#(0 To 1), p17#(0 To 1), p18#(0 To 1)
  Dim objLWPline As AcadLWPolyline
  Form1.Hide
strTemp = Lstname.Text
```

判断是否已选择了要绘制的电气元件

```
  If Len(strTemp) = 0 Then
        MsgBox "请选择要绘制的电气元件!", vbCritical
        Exit Sub
  End If
  If StrComp(strTemp, "接触器") = 0 Then
    pt1(0) = 20: pt1(1) = 100: pt1(2) = 0
    pt2(0) = 50: pt2(1) = 120: pt2(2) = 0
```

绘制"接触器"的矩形框,线条宽度为2

```
    AddRectangle pt1, pt2, 2
    pt3(0) = 35: pt3(1) = 85
    pt4(0) = 35: pt4(1) = 100
    pt5(0) = 35: pt5(1) = 115
    pt6(0) = 35: pt6(1) = 130
```

绘制"接触器"的连线,线条宽度为0.5

```
    AddLWPlineSeg pt3, pt4, 0.5
    AddLWPlineSeg pt5, pt6, 0.5
  End If
  If StrComp(strTemp, "热继电器") = 0 Then
    p1(0) = 100: p1(1) = 100
    p2(0) = 300: p2(1) = 100
    p3(0) = 300: p3(1) = 150
    p4(0) = 100: p4(1) = 150
    p5(0) = 150: p5(1) = 50
    p6(0) = 150: p6(1) = 115
    p7(0) = 130: p7(1) = 115
    p8(0) = 130: p8(1) = 135
    p9(0) = 150: p9(1) = 135
    p10(0) = 150: p10(1) = 180
    p11(0) = 200: p11(1) = 50
    p12(0) = 200: p12(1) = 180
    p13(0) = 250: p13(1) = 50
    p14(0) = 250: p14(1) = 115
    p15(0) = 270: p15(1) = 115
    p16(0) = 270: p16(1) = 135
    p17(0) = 250: p17(1) = 135
    p18(0) = 250: p18(1) = 180
```

绘制"热继电器"的矩形框,线条宽度为2
| ```
AddLWPlineSeg p1, p2, 2
AddLWPlineSeg p2, p3, 2
AddLWPlineSeg p3, p4, 2
AddLWPlineSeg p4, p1, 2
``` |

绘制"热继电器"的连线,线条宽度为1
| ```
AddLWPlineSeg p5, p6, 1
AddLWPlineSeg p6, p7, 1
AddLWPlineSeg p7, p8, 1
AddLWPlineSeg p8, p9, 1
AddLWPlineSeg p9, p10, 1
AddLWPlineSeg p11, p12, 1
AddLWPlineSeg p13, p14, 1
AddLWPlineSeg p14, p15, 1
AddLWPlineSeg p15, p16, 1
AddLWPlineSeg p16, p17, 1
AddLWPlineSeg p17, p18, 1
End If
``` |

```
If StrComp(strTemp, "继电器") = 0 Then
    '............
    '绘制"继电器"
End If
If StrComp(strTemp, "触点") = 0 Then
    '............
    '绘制"触点"
End If
If StrComp(strTemp, "电机") = 0 Then
    '............
    '绘制"电机"
End If
If StrComp(strTemp, "保险") = 0 Then
    '............
    '绘制"保险"
End If
End Sub
```

（7）如果用户在列表框中双击,同样可以创建对应的电气元件,添加下面的代码:

```
Private Sub Lstname_DblClick(ByVal Cancel As MSForms.ReturnBoolean)
'如果用户在列表框中双击
  cmdOK_Click
End Sub
```

（8）在 VBA 集成开发环境中,按 F 5 键运行程序,系统在图形窗口中弹出"创建电气元件"对话框。

（9）从列表框中选择所要创建的电气元件名称，然后单击"绘制"按钮，就能在 AutoCAD 图形窗口绘制出相应的电气元件图形。本例中选择了"接触器"和"热继电器"电气元件，在 AutoCAD 图形窗口中显示了图形，如图 7.14 和图 7.15 所示。

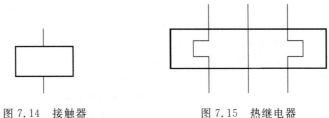

图 7.14　接触器　　　　　　　　　　图 7.15　热继电器

通过本例，我们可以更清楚地了解 VBA 编程的基本操作步骤，涉及创建 AutoCAD 工程项目，建立标准模块并在其中定义绘制图形的公用函数，应用程序用户操作界面（如窗体和控件）的设计与编程等。读者可在此基础上，单击"绘制"按钮，在单击事件响应程序中添加绘制其他电气元件的程序段，使得能够绘制更多的电气元件。

 练习题

用 VBA 编程方法建立电机、保险等电气元件。

参 考 文 献

［1］ 赵雨生,李世林.电气制图使用手册［M］.北京：中国标准出版社,2000.

［2］ 何利民,尹全英.电气制图与读图［M］.北京：机械工业出版社,2003.

［3］ 王晋生.新标准电气制图［M］.北京：中国电力出版社,2003.

［4］ 王亚星.怎样读新标准电气线路图［M］.北京：中国水利水电出版社,2003.

［5］ 全国电气文件编制和图形符号标准化技术委员会.电气制图及相关标准汇编［M］.北京：中国电力出版社,中国标准出版社,2001.

［6］ 陆润民.计算机辅助绘图基础［M］.北京：清华大学出版社,2002.

［7］ 杨胜强.现代工程制图［M］.北京：清华大学出版社,2004.

［8］ 张帆.AutoCAD VBA 开发精彩教程［M］.北京：清华大学出版社,2004.

图 书 资 源 支 持

感谢您一直以来对清华版图书的支持和爱护。为了配合本书的使用，本书提供配套的资源，有需求的读者请扫描下方的"书圈"微信公众号二维码，在图书专区下载，也可以拨打电话或发送电子邮件咨询。

如果您在使用本书的过程中遇到了什么问题，或者有相关图书出版计划，也请您发邮件告诉我们，以便我们更好地为您服务。

我们的联系方式：

地　　址：北京海淀区双清路学研大厦 A 座 707

邮　　编：100084

电　　话：010－62770175－4604

资源下载：http://www.tup.com.cn

电子邮件：weijj@tup.tsinghua.edu.cn

QQ：883604(请写明您的单位和姓名)

用微信扫一扫右边的二维码，即可关注清华大学出版社公众号"书圈"。

资源下载、样书申请

书圈